DE

LA LOCOMOTION

RECUEIL DE FAITS

QUI SE RATTACHENT AU PRINCIPE DE LA CHALEUR.

OUVRAGE DIVISÉ EN TROIS PARTIES.

La première a pour objet de faire connaître l'état actuel de la science des chemins de fer, et de montrer qu'il reste encore beaucoup de questions très importantes à résoudre, avant qu'il soit possible de rendre le système de ces voies nouvelles tout-à-fait profitable en France aux populations qui ne sont pas rapprochées de la capitale.

La deuxième partie aura pour but de découvrir, par l'examen d'un grand nombre de résultats obtenus dans diverses circonstances, à quelle cause il convient d'attribuer le changement brusque qui s'opère dans la valeur des résistances à la traction, lorsque la vitesse des locomotives vient à dépasser 11 et 12 mètres par seconde.

La troisième sera consacrée à l'étude complète de la machine à vapeur.

PAR M. FRIMOT

INGÉNIEUR EN CHEF DES PONTS ET CHAUSSÉES.

TOME PREMIER.

PARIS

CARILIAN-GOEURY et V{or} DALMONT,

LIBRAIRES DES CORPS ROYAUX DES PONTS ET CHAUSSÉES ET DES MINES,

Quai des Augustins, 39 et 41.

1841 et 1842

DE

LA LOCOMOTION.

TOME I.

IMPRIMERIE MAULDE ET RENOU,
Rue Bailleul, 9 et 11.

DE

LA LOCOMOTION

RECUEIL DE FAITS

QUI SE RATTACHENT AU PRINCIPE DE LA CHALEUR.

OUVRAGE DIVISÉ EN TROIS PARTIES.

La première a pour objet de faire connaître l'état actuel de la science des chemins de fer, et de montrer qu'il reste encore beaucoup de questions très importantes à résoudre, avant qu'il soit possible de rendre le système de ces voies nouvelles tout-à-fait profitable en France aux populations qui ne sont pas rapprochées de la capitale.

La deuxième partie aura pour but de découvrir, par l'examen d'un grand nombre de résultats obtenus dans diverses circonstances, à quelle cause il convient d'attribuer le changement brusque qui s'opère dans la valeur des résistances à la traction, lorsque la vitesse des locomotives vient à dépasser 11 et 12 mètres par seconde.

La troisième sera consacrée à l'étude complète de la machine à vapeur.

PAR M. FRIMOT

INGÉNIEUR EN CHEF DES PONTS ET CHAUSSÉES.

—

TOME PREMIER.

—

PARIS

CARILIAN-GOEURY et Vᵒʳ DALMONT,

LIBRAIRES DES CORPS ROYAUX DES PONTS ET CHAUSSÉES ET DES MINES,
Quai des Augustins, 39 et 41.

—

1841 et 1842

ERRATA.

DE

LA LOCOMOTION

RECUEIL DE FAITS

QUI SE RATTACHENT AU PRINCIPE DE LA CHALEUR.

CHEMINS DE FER.

(

INTRODUCTION.

Dans tous les temps, le perfectionnement des voies de communication a été le signe le plus certain du progrès de la civilisation des peuples ; mais depuis les grandes applications de la machine à vapeur, l'industrie des transports s'est placée au niveau des plus hautes questions de l'économie sociale.

Par la circulation rapide, les artères principales d'un grand état conservent l'action vive et réciproque qui assure à chaque centre de répartition l'efficacité des secours, en force ou subsistances, puisés à la réserve commune. Par la célérité des transports, un corps d'armée qui déploierait sa force aujourd'hui à Lille, demain à Strasbourg, après demain à Mulhausen, vaudrait effectivement plusieurs corps d'armée.

I.   1

Lorsque les frontières d'un pays se trouvent naturellement à l'abri de l'invasion, la communauté n'ayant pas à s'occuper de la question des voies militaires, est rarement dans le cas d'allouer des subventions pour aider l'industrie des transports. Les classes qui sont le plus intéressées à réduire les prix de circulation n'ont pas besoin de stimulant; chacun apprécie suffisamment le besoin de prendre part aux frais d'une entreprise qui promet d'écarter pour quelque temps une concurrence nuisible; on sait dépenser d'un côté avec la presque certitude de perdre une petite fraction de son capital, quand, d'autre part, on s'assure des bénéfices très importans, soit par une plus grande fabrication, soit par un commerce mieux alimenté. C'est là le ressort des étonnantes entreprises qui grandissent chaque jour la puissance de l'empire britannique.

Si la France devait attendre, pour jouir du bénéfice des chemins de fer, que sa prospérité lui permît, comme cela se pratique en Angleterre, de livrer à l'industrie l'établissement de ces voies rapides, il serait difficile d'assigner l'époque où les principales villes du royaume auraient des communications fréquentes à raison de 8 à 10 lieues par heure. Les dépenses de construction et d'entretien des voies à grande vitesse sont trop considérables, eu égard aux recettes avec de faibles tarifs, pour qu'il y ait concession aux risques et périls des compagnies : nous le démontrerons en parlant des rail-ways déjà exécutés.

D'autre part, l'équité se refuse à ce que l'on demande à la totalité des contribuables un accroissement de charges pour une circulation qui favoriserait particulièrement Paris et les plus grandes villes. Il faut donc qu'un intérêt général commande l'exécution de nos principales lignes de chemins de fer, pour qu'il soit possible de les entreprendre sans trop de retard. Or cet intérêt est manifeste.

Quand la France aura 500 lieues de rail-ways tracées comme voies militaires, et reliées sans interruption, de manière qu'un seul matériel suffise aux mouvemens rapides des grands convois, pour le département de la guerre, personne ne pourra mettre en doute que l'avantage d'une circulation à 8 lieues par heure, sans fatigue pour les troupes, ne vaille plus de 50,000 hommes sur 300,000; dès lors l'armée serait facilement réduite à 250,000 hommes, car un budget qui se règle tous les ans par les contribuables ne doit pas porter long-temps des dépenses évidemment inutiles.

Ainsi le pays est tout entier intéressé à l'exécution des grandes lignes de rail-ways comme voies stratégiques, dans le but de réduire le contingent du recrutement annuel, et uniquement dans ce but, c'est-à-dire sans prendre à sa charge les augmentations de dépenses propres à rendre les tracés tout-à-fait favorables aux villes intermédiaires qui en seront rapprochées. Une économie sévère, mais éclairée, devrait être alors la règle à suivre invariablement pour ces tracés.

Après l'exécution, on aurait encore à rechercher, pour tous les rail-ways, un mode d'exploitation susceptible de couvrir par les recettes au moins les frais d'un parfait entretien pour toutes les lignes en commun, sous la double condition de donner gratuitement le bénéfice de la plus grande vitesse, non seulement aux voyageurs, mais encore au commerce et à l'industrie en ce qui concerne le transport des marchandises. Dans cette double tâche, l'état devrait être libre ; en conséquence il n'aurait à réclamer de l'industrie particulière que les moyens d'exécution les plus parfaits, en adjugeant des lots considérables, et en payant lui-même les prix convenus pour un ensemble d'ouvrages.

Si on livrait l'exécution et l'exploitation des chemins de fer à des concessionnaires, sous la garantie d'un minimum d'intérêt, l'état accepterait seul toutes les mauvaises chances. Evidemment une compagnie qui ne recevrait pas assez par les recettes pour payer les frais d'exploitation et d'administration d'un rail-way s'empresserait de l'abandonner, et, dans ce cas, l'entretien d'ouvrages peut-être mal construits retomberait à la charge du trésor public.

Toutefois le tracé des chemins de fer, au point de vue stratégique, aurait des conditions particulières. Il est clair qu'il ne s'agirait pas de sacrifier des millions pour éviter un plan à câbles, ni pour fixer le passage d'une ligne principale dans le faubourg d'une ville de 10 à 20,000 habitans. Mais il y aurait toujours intérêt à bien faire examiner quel peut être l'avantage des tracés à faibles pentes, auxquels on paraît disposé à renoncer en France, malgré tous les exemples des grandes constructions anglaises; il serait nécessaire de comparer le service des machines à câbles sur des pentes de 10 à 12 millimètres, avec celui des locomotives sur de longues pentes de 5 à 8 millièmes ; il faudrait encore ne pas perdre de vue les inconvéniens d'une rapide locomotion dans le parcours des courbes, les conditions de résistance et de longue durée pour les rails et pour toutes les pièces d'une voie en fer.

En ce qui touche l'exploitation des rail-ways, toutes les questions d'un grand intérêt sont-elles seulement posées? On suppose que la pression verticale qu'exercent les roues sur les rails est indépendante de la vitesse d'impulsion, et il n'en est rien; on suppose que la vitesse à raison de 14 à 15 lieues par heure doit fatiguer davantage la voie qu'à raison de 8 et 10 lieues, et très probablement c'est là une erreur; on suppose que la pression de l'air contre les voitures varie suivant la même loi pour toutes les vitesses de la locomotive, et cela n'est pas exact; on admet que la force de traction s'ajoute à la pesanteur dans les descentes, et il arrive que la première contrarie et diminue l'effet de la seconde. Enfin, l'on est encore moins avancé pour l'appréciation du travail utile de la locomotive, dont les effets pratiques ne sont pas bien connus; ce qui veut dire qu'une théorie sur ce moteur ne peut fournir en dehors des résultats de la pratique aucun enseignement, même à peu près exact.

Tant que l'on restera dans l'ignorance des véritables lois du mouvement des fluides et des frottemens sous des vitesses très différentes, il sera prudent de s'en rapporter pour la force et la vitesse des locomotives, aux effets moyens donnés par l'expérience; attendu que l'on a vérifié que des machines construites avec soin, sur le même modèle, à la même époque, dans une bonne fabrique, ne donnent pas, à beaucoup près, les mêmes résultats.

Une chose qu'il importe de faire remarquer ici, c'est que dans les diverses recherches qui ont été entreprises à l'effet de découvrir les lois les plus utiles en mécanique, on s'est laissé conduire par l'idée que ces lois ne devaient pas s'arrêter brusquement; qu'il suffisait, en conséquence, de déterminer quelques chiffres d'une série, dans les conditions qui rendraient les expériences plus commodes, pour arriver à une expression générale susceptible de fournir par induction tous les chiffres à la suite d'une petite série.

Cependant il s'est présenté depuis quelque temps plusieurs effets très remarquables qui auraient dû faire naître des doutes sur la continuité indéfinie des rapports traduits en lois générales. L'effet observé pour les bateaux rapides, par exemple, qui coupent l'eau sans la soulever à l'avant ni sur leurs bords, était de nature à mettre en défiance sur la continuité des lois de la pression de l'air contre les corps en mouvement, et aucun des ouvrages publiés sur les chemins de fer ne laisse pressentir un changement brusque pour la résistance de ce fluide évaluée pour toutes les vitesses suivant la loi du carré. Tous les calculs présentés sur cette résistance s'appuient, au contraire, sur une continuité indéfinie, si bien que l'on en est venu à trouver, par le calcul, que la seule pression de l'air devrait empêcher un convoi de wagons-diligences d'acquérir 12 lieues de vitesse par heure, sur de longues pentes de 8 à 9 millièmes: or, ce résultat du calcul ne s'accorde nullement avec celui de l'expérience.

S'il est incontestable qu'il faut s'attacher à exprimer le plus simplement possible les séries de chiffres qui indiquent les effets réels constatés par la pratique ; il n'est pas moins certain qu'il faut savoir admettre des *limites* pour la formule qui représente une relation entre un certain nombre de valeurs déduites de quelques expériences ; il n'est pas moins certain que l'on suppose démontré ce qui reste entièrement inconnu, chaque fois qu'on dépasse la dernière valeur réellement constatée, car il n'y a pas de raison pour qu'à la limite d'une série, la solution de continuité ne soit pas au premier terme qui viendrait à la suite des valeurs connues et enchaînées sous une même loi [1].

Les solutions de continuité se montrent si nombreuses dans les lois sur le mouvement des corps, qu'il est peu concevable que les physiciens ne les aient pas prévues : on doit donc craindre que leur silence à cet égard, ne soit un motif pour qu'on ne se livre

---

[1] Pour rendre tout-à-fait sensible l'hypothèse ci-dessus d'une solution de continuité dans des lois dites *invariables*, nous nous proposons de rapporter dans le chapitre suivant, et dans tout le cours de notre ouvrage, plusieurs faits bien constatés, qui tendent à établir que la pesanteur, regardée jusqu'à ce jour comme une force constante, quand on s'écarte peu d'un même niveau, est, au contraire, un pouvoir qui change de valeur sous la vitesse de traction ; que, de plus, ce pouvoir paraît soumis à trois effets, résultant d'une différence entre des forces orthogonales, c'est-à-dire que le mouvement appelé *gravitation* aurait la même origine que les trois oscillations rectangulaires de l'aiguille d'une boussole ; en un mot, que la terre serait un assemblage de corps qui agirait sur la matière isolée, comme le barreau aimanté agit à petite distance sur la limaille de fer.

Dans ce premier chapitre, nous devrons nous borner à indiquer la possibilité d'un changement de valeur pour la force de gravitation, et attendre qu'un grand nombre de faits aient parlé dans le même sens, avant de présenter l'énoncé du principe général de la chaleur et des ondes, principe qui nous a servi de guide dans la plupart des recherches dont se compose notre ouvrage.

pas volontiers à l'examen des faits qui révèlent une solution de continuité, pour plusieurs lois que l'on est habitué à regarder comme aussi invariables que la durée du jour sidéral.

Toutefois ces considérations ne sont présentées dans la première partie de notre ouvrage que comme des questions accessoires [1], dans des notes destinées aux lecteurs qui tiennent à étudier les faits de la physique, d'abord pour les classer, ensuite pour remonter aux causes générales dont ils émanent. Ainsi, nous réduirons le texte pour le premier volume à une sorte de statistique des chemins de fer ; nous y joindrons tous les renseignemens que nous croyons propres à éclairer sur le degré d'utilité d'un réseau de voies militaires, et sur les moyens d'en rendre l'exécution rapide, sans imposer à la communauté des charges qui ne lui seraient pas immédiatement profitables. Enfin, nous ferons voir comment l'on peut encore, sans sacrifices notables, rattacher au système général et stratégique, les chemins de fer déjà exécutés et ceux en cours d'exécution.

Mais avant d'entrer en matière, nous devons présenter un exposé succinct tendant à éveiller l'attention sur des faits qui semblent constater l'existence d'un pouvoir *horizontal*, capable de neutraliser presque toute la force perceptible dans la gravitation des corps.

[1] Sauf les deux chapitres qui suivent.

OBSERVATIONS GÉNÉRALES

SUR LES EFFETS DE LA PESANTEUR A LA SURFACE DE LA TERRE [1].

Tout semble annoncer que les nombreuses découvertes qui ont élargi si rapidement le cercle des
sciences exactes sont arrivées au terme d'une période
de progrès : les théorèmes concernant les mouvemens
généraux de la mécanique, ceux qui expliquent les
propriétés caractéristiques des lignes et des surfaces
courbes prises isolément ou considérées dans leurs
relations mutuelles ; en un mot tout ce qui indique
des rapports finis et continus ayant épuisé les recherches des savans les plus distingués, il est peu probable que l'on parvienne désormais à ouvrir une nouvelle carrière pour l'analyse mathématique, dans les
conditions absolues qui ont fondé son inflexible pouvoir. Il serait plus naturel, au contraire, de pressentir
un retour sur la trop grande extension donnée, en
toute circonstance, aux définitions du langage scien-
tifique ; car, en les affranchissant complètement des
propriétés réelles de la matière [2], on a perdu de vue
les applications utiles, et peut-être aussi la destination
morale et providentielle de la géométrie.

Si l'on voulait évaluer dans la balance positive des
faits les services effectivement rendus à l'industrie

[1] Ce chapitre, qui est relatif aux notes, a pour objet de rattacher
à un même principe les faits consignés dans cet ouvrage.

[2] Voir le chapitre suivant.

par les théories physiques qui ont eu pour but de rapprocher les résultats de l'analyse de ceux de l'expérience sur les forces mécaniques, par exemple, la liste en serait promptement dressée.

La presque totalité des inventions et des perfectionnemens un peu remarquables a dû son origine à des observations faites dans les travaux journaliers de l'industrie, presque toujours par une circonstance dépendant en quelque sorte du hasard, par conséquent sans le secours des connaissances scientifiques.

Cependant, après avoir arrangé des lois, *sans solution de continuité* [1], pour quelques unes des propriétés de la matière, la théorie des inductions s'est créé un pouvoir qui aspire encore, malgré de graves mécomptes, à régler la valeur et le rang des résultats nouveaux dans les arts utiles. Recouverte du vernis des sciences exactes, à l'aide de quelques énonciations algébriques qui ne sont qu'une abréviation du langage, la vieille *induction* parle avec plus d'assurance que le savant qui analyse et discute les belles propriétés des lignes et des surfaces courbes, sans oser dire un mot de leur rapport avec les lois de la nature.

L'histoire des théories physiques ne présente, en effet, qu'une seule application des propriétés définies rigoureusement par la géométrie : c'est celle de la courbure sphérique dans la théorie des ondes lumineuses.

La loi de l'attraction universelle correspond, il est vrai, à une propriété commune à plusieurs genres de

---

[1] Voir le chapitre suivant.

lignes, mais aucune des recherches de la mécanique
céleste n'a eu pour but d'attribuer aux particules de
la matière, ou plutôt à leurs mouvemens, la propriété
caractéristique d'une ellipse, d'une spirale, ou d'une
autre courbe quelconque. Tous les calculs de l'astronomie tendent à confirmer le *système* qui résume,
dans le mouvement périodique et orbitaire de quelques corps d'une grandeur *finie*, ce que le ciel possède
de forces générales dans un espace presque indéfini,
et à consacrer, pour l'univers entier, *l'invariabilité*
des lois de la gravitation déduites d'une *hypothèse*
sur la chute des corps à la surface de la terre.

Par son prestige, la science a entouré ce *système*
d'une force peut-être supérieure aux croyances reli-
gieuses ; aujourd'hui la *théorie* astronomique marche
sur la même ligne que les faits qui tombent sous le
sens du toucher, et c'est toujours un *système!* Quel
respect doit donc s'attacher un jour aux travaux de
la géométrie, si elle parvient à démontrer que l'organisation vitale se lie étroitement à des effets per-
manens et généraux non moins sensibles que celui
de la pesanteur des corps!

Cette réflexion nous est suscitée par la nécessité
d'établir, dès à présent, une ligne de démarcation
entre les résultats de l'analyse transcendante qui
énoncent des propriétés invariables [1], et les théories
physiques, basées sur des expériences ou des observations toujours restreintes, et néanmoins revêtues
d'une généralité entièrement hypothétique.

Parmi ces théories nous comprenons une hypo-

---

[1] Comme celles de l'osculation, des développées avec leurs déve-
loppantes, des normales, etc.

thèse qui rendrait *constante à la surface de la terre, dans une étendue de niveau, la pesanteur pour les solides et les fluides,* à l'état de repos ou de mouvement, de grande ou de petite dimension, depuis l'atome inappréciable jusqu'au système agrégé qui pèse dans la balance [1].

Eh quoi! dira quelqu'un en souriant, s'agirait-il d'opposer quelques idées nouvelles aux lois qui règlent les mouvemens planétaires, lois reconnues aussi stables que le monde depuis les immortelles propositions de Newton, depuis les profondes méditations de la mécanique céleste, depuis les hautes découvertes de tout genre qui ont pour ainsi dire attaché au firmament tant de noms illustres?

Si la nécessité de restreindre entre certaines limites la définition d'une loi pour les forces de la nature, entraînait toujours la nécessité de l'annuler dans toutes ses applications, nous refuserions nous-même de prendre part à l'examen de phénomènes qui sembleraient détruire le principe mathématique d'où est sortie l'alliance étroite entre les mouvemens célestes et les résultats de la géométrie.

En nous livrant à l'étude des lois du mouvement des corps, nos vues, notre tâche, consistent à tirer le meilleur parti possible des moyens mis à la disposition des hommes pour améliorer leur existence, pour rendre le travail plus intelligent, plus supportable; mais s'il vient à jaillir de l'appréciation de tous les résultats du mouvement des corps, la nécessité manifeste de décomposer en trois forces le pouvoir

---

[1] On trouvera dans le dernier chapitre quelques détails propres à rendre plus facile l'intelligence de ce qui va suivre,

de la gravitation, loin de vouloir ébranler le principe
de l'analyse newtonienne, nous essaierons de le consolider par une interprétation naturelle [1], et nos recherches ne viendront que confirmer les grandes lois
auxquelles elle doit son origine.

Nous ne dirons pas ici qu'il est à regretter que les
considérations de la géométrie se lient partout avec
les études concernant la bonne application des forces
mécaniques. Ces considérations ne peuvent devenir
trompeuses qu'en passant sous les signes convention-
nels de l'algèbre ; mais elles deviennent un auxiliaire
très favorable pour fixer les idées, quand on ne considère que les propriétés caractéristiques des lignes et
des surfaces courbes qui restent *développables* [2], parce
que dans les. *développemens* matériels que l'œil peut
suivre, l'esprit s'habitue à des *transformations* qui
doivent être le principe de tous les effets du mouvement. Or nous n'aurons à parler, même dans les
notes explicatives, que des changemens de lignes et

---

[1] En rappelant la propriété de l'attraction, Herschell dit à l'article 193 de son Traité d'Astronomie : « L'attraction ne consiste pas
« en une tendance de la matière à se porter vers un centre particu-
« lier, mais en une propriété que possèdent toutes les particules
« matérielles de marcher à la rencontre les unes des autres, et de
« presser contre l'obstacle qui s'opposerait à leur réunion. » Dans
quel but Herschell parle-t-il d'un obstacle ? Est-ce qu'il suppose
deux espèces de particules : les unes douées de la propriété de marcher, les autres servant d'obstacle au rapprochement ? Et, dans le
cas contraire, que peut signifier la propriété de *presser* unie à celle
de *marcher* ? Evidemment la seconde partie de la définition a en
vue d'éclaircir quelques doutes sur la possibilité de maintenir l'idée
de l'attraction dans toute sa généralité, et ce qui va suivre expli-
quera la nécessité d'une modification dans l'énoncé du principe de
la gravitation.

[2] Surfaces à élémens linéaires.

de surfaces susceptibles d'être figurées par des élémens *flexibles*.

Après ces réflexions préliminaires dont l'objet
principal est de faire connaître que nos études embrassent une question nouvelle, l'influence de *la
durée et de la forme des groupes fluides dans les
effets des forces* [1], nous allons aborder l'examen des
principaux phénomènes où se manifeste clairement
cette influence, et qui sont comme la clef de tout notre ouvrage.

Les résultats dont il s'agit sont tellement précis
qu'on peut les étudier au point de vue qui nous importe le plus, sans se préoccuper du détail des circonstances où ils ont été observés. Cependant, pour
ne rien négliger de ce qui peut établir la conviction,
nous en consignerons toutes les particularités dans la
note ci-dessous [2].

---

[1] Voir le chapitre suivant.

[2] Le premier de ces phénomènes s'est produit, par hasard, dans
le jeu d'une pompe à eau froide pour machine à feu. Voici quelle
était la disposition particulière du conduit formant l'aspirateur :

Ce conduit, d'environ 5 centimètres ¹/₂ de grosseur, descendait
de 5 à 6 mètres dans un puits d'au moins 10 mètres de profondeur,
et se repliait d'équerre sur le sol, dans une étendue de 20 à 25
mètres, pour s'adapter à deux pompes verticales distantes de 3 à 4
mètres. Ces pompes étaient destinées l'une et l'autre à l'approvisionnement alternatif de l'eau nécessaire à la condensation du gaz
aqueux dans un serpentin, à la sortie de deux machines à vapeur. La
force de chacun des appareils était de deux chevaux.

Quand la première machine, celle qui se trouvait le plus rapprochée du puits, marchait à 70 et 80 pulsations par minute pour le
piston à vapeur, qui était lié par un balancier à celui de la pompe
à eau ; la deuxième pompe établie au-delà, qui ne fonctionnait point,
donnait issue, par le conduit des soupapes de l'aspiration et du refoulement, à un jet d'eau produisant à peu près le *même volume* que
la pompe en activité, c'est-à-dire que le travail utile, en eau élevée

On sait qu'une pompe ordinaire ne produit pas, à chaque oscillation double, un volume d'eau tout-à-fait égal à la capacité qui devient libre par la levée du piston ; en d'autres termes, on sait que cette capacité est la limite supérieure de l'effet utile de la machine, quand le piston ne prend pas une grande vitesse [1].

Dans l'appareil que nous considérons, la quantité d'eau extraite du puits était le *double* de cette valeur limite, toutes les fois que le piston de la pompe fournissait plus d'une oscillation double par seconde, parce qu'il jaillissait alors de l'orifice d'une *valve additionnelle* autant de liquide que la pompe en fournissait elle-même.

Mais aussitôt que le va-et-vient donnait moins d'une oscillation par seconde, la valve restait immobile, le travail utile de la pompe se réduisait à l'effet ordinaire.

Ainsi, en observant l'époque du soulèvement de la soupape, on pouvait juger qu'un petit nombre d'oscillations doubles au dessus du chiffre 60 par minute, suffisait pour changer l'effet de l'appareil dans

---

à la hauteur de 4 mètres, était le double de la quantité d'eau maximum d'une pompe ordinaire, et que, durant le jeu de la machine, l'aspirateur ajoutait à sa fonction habituelle, la propriété du syphon, pour porter de bas en haut, à la hauteur de 4 mètres, un volume d'eau qui jaillissait dans l'air comme d'une source *continue*.

Nous devons faire remarquer encore que la branche verticale de l'aspirateur se terminait par une chambre à soupape, pour maintenir la pompe en charge.

Nota. L'appareil dont il s'agit a fonctionné, en 1836, dans un atelier de machines à vapeur établi provisoirement sur le quai de la Gare.

[1] Dans la machine à feu de Chaillot, on a observé que le volume d'eau élevé à chaque pulsation dépassait cette limite.

le rapport de 2 à 1, c'est-à-dire qu'il se manifestait une grande solution de continuité, quoique dans ses parties organiques susceptibles de créer une perte de force par frottement, l'appareil n'eût éprouvé aucune modification.

On dira sans doute que l'effet du jaillissement de l'eau par une valve isolée, rentre dans celui des béliers hydrauliques, et, pour quelques personnes qui connaissent le jeu des soupapes et les conditions de ce moteur, un rapport d'identité dans les résultats tiendrait peut-être lieu d'explication. Cependant l'effet du bélier hydraulique n'a pas été mieux analysé que les affinités chimiques pour lesquelles on est obligé de créer autant de propriétés particulières qu'il y a d'espèces de combinaisons entre les particules matérielles.

Au surplus, l'appareil que nous considérons constitue un *nouveau* système de bélier, puisqu'il ne renferme aucun réservoir d'air, qu'il exige un appareil mécanique pour faire osciller la colonne d'eau, et qu'il présente une solution de continuité dans l'effet du jaillissement continu du liquide sous une soupape analogue à celle des chaudières à vapeur.

Ce changement, qui a pour *limite l'oscillation* du balancier dans le pendule à secondes [1], et qui se rattache en même temps à un effet dynamique régulier, permanent, est à nos yeux le spectacle le plus intéressant parmi les phénomènes de la physique, attendu qu'il fait pressentir une origine commune pour la pesanteur et pour toutes les forces naturelles,

---

[1] La seconde n'est pas, comme on le suppose, une mesure arbitraire : nous le démontrerons plus tard.

attendu qu'il montre dans l'espace un mouvement oscillatoire général.

Essayons d'abord de faire voir, par le résultat de l'appareil dont il s'agit, qu'il se développe, indépendamment de toute réaction due *à la vitesse acquise* par le liquide, un pouvoir aspirateur capable de déplacer régulièrement une colonne d'eau, et de fournir, sans le secours de la pression de l'air, un travail utile qui ne provient ni de l'effet de la pesanteur ni de la transmission des forces par les solides.

Pour cela, posons successivement deux hypothèses sur l'effet produit par l'accélération du va-et-vient d'un piston de pompe, dans les conditions déjà décrites.

Première supposition. — Si le jaillissement du liquide, par la valve, s'opérait pendant que le piston aspire l'eau du puits, le milieu du conduit aspirateur, à l'endroit de la valve, *se trouverait ouvert directement à l'air atmosphérique*, et malgré cette ouverture qui doit empêcher le *vide*, l'eau affluerait, comme dans le *vide*, pour monter à 4 mètres, et franchir ensuite horizontalement, sans passer par un corps de pompe, l'intervalle entre deux niveaux soumis à la pression libre de l'atmosphère qui représente alors l'effet de deux poids égaux dans les deux plateaux d'une balance.

En présence d'un fait de cette nature, il faudrait évidemment renoncer à la théorie du *vide pneumatique*, changer la définition pour l'élasticité des corps, et admettre, dans l'appareil en question, deux centres d'aspiration pour le liquide, eu égard aux deux écoulemens distincts ; il faudrait de plus écarter le pouvoir de la pesanteur et le remplacer par une aspiration *atomique développée sous le va-et-vient rapide d'une pompe à eau.*

SECONDE SUPPOSITION.—Si la valve s'ouvrait seulement pendant la descente du piston, il en résulterait que l'ascension du liquide dans l'aspirateur se prolongerait par l'effet de la *vitesse acquise* ou de la force emmagasinée dans la colonne fluide, comme le volant d'une machine à vapeur continue de tourner après que la vapeur a cessé d'agir sur l'arbre de couche; mais la très petite levée du piston [1] ne donnant pas au liquide une *vitesse* maximum de 30 centimètres par seconde, si le jaillissement par la valve isolée dépendait de la force due à cette vitesse, il suffirait de poser une soupape battante, sur la paroi verticale d'un aspirateur de pompe ordinaire, pour obtenir deux effets au lieu d'un; car le mouvement du liquide y dépasse la vitesse de 30 centimètres : or chacun sait que cette soupape resterait parfaitement fixe.

Puisque ce n'est pas à la vitesse de 30 centimètres pour toute la colonne liquide que l'on peut attribuer le jet d'eau par la valve, il ne reste qu'une chose possible, c'est que sous le travail rapide d'un va-et-vient de piston, le liquide éprouve, *en tout* ou *partie,* une *contraction,* un changement de *forme* ou de figure, d'où naît une aspiration atomique, *et de plus une nouvelle propriété* physique à laquelle il convient peut-être de rattacher les effets de *contraction* dans les orifices d'écoulement par les fluides [2].

---

[1] La course était de 0 mètre 20 centimètres.

[2] C'est à cette propriété que nous attribuons l'effet observé dans la pompe à feu de Chaillot, qui fournit à chaque pulsation un vo-

Nous n'admettons pas que cette transformation soit arbitraire ou indépendante de la constitution organique des groupes fluides, et, pour le prouver, nous dirons en passant, que la forme d'un double cône donnée aux ajutages, dans le but de diminuer l'effet de contraction de la veine liquide, n'est pas sans rapport avec la *figure* que semblent prendre les groupes fluides dans un conduit d'écoulement et à leur sortie dans l'atmosphère.

Les groupes du liquide auraient alors une *existence* comme force, et en outre une forme définie, qui serait soumise dans l'air, ainsi que dans l'aspirateur, à des oscillations, à des battemens périodiques, comme ceux des soupapes d'une pompe, comme ceux qui entretiennent la circulation du sang dans les veines des êtres organisés.

Cette transformation appartient à un ordre d'idées qui paraîtra si étrange, eu égard à ce que l'on enseigne généralement, qu'il n'est pas inutile de la rendre manifeste par diverses considérations, et dans beaucoup de circonstances.

Poursuivons donc notre examen, et supposons qu'avant de faire osciller le piston, à raison de 70 pulsations par minute, l'on ait fixé invariablement sur son siége la soupape qui double l'effet utile de l'appareil.

Toute la force dépensée par la machine pour élever le volume d'eau qui s'échappe par la soupape quand elle reste libre, sera-t-elle économisée dès que cette soupape deviendra fixe ? Pour que cette écono-

lume d'eau plus grand que la capacité rendue libre par le piston du cylindre à eau froide.

mie fût possible, il faudrait que la colonne liquide
restât indifférente à l'accélération du va-et-vient, et
qu'elle reçût l'impulsion d'un pouvoir placé tout entier dans le lieu de la soupape : or ce pouvoir, quel
qu'il soit, ne serait pas annulé par un poids destiné
à la retenir sur son siége; par conséquent la même
quantité de force sera consommée dans les deux cas.

Mais que deviendra l'excédent de puissance qui
servait à développer un travail utile quand l'eau
jaillit par la valve? Doit-on supposer que cet excédent s'écoulera tout entier par un fluide diaphane
qui traverserait les pores du métal de la conduite,
de la même manière que l'air fortement comprimé
s'échappe d'un récipient *en cuivre* [1] à travers les
parois; ou bien doit-on admettre que la portion de
force non utilement employée aura pour effet de
ramener à chaque intermittence, vers le bas de la
branche verticale de l'aspirateur, et d'évacuer par la
soupape qui le termine, le volume d'eau qui aurait
pris son écoulement par la valve supérieure, si elle
eût été libre de se mouvoir? Dans le premier cas, il
faudrait attribuer aux vibrations du métal servant de
chemise au liquide, le pouvoir de dissiper à chaque
oscillation double du piston la moitié environ de la
force motrice employée au jeu de la pompe, ce qui
est complètement inadmissible. Dans le second cas,
l'aspirateur devrait recevoir à chaque va-et-vient
du piston une quantité de liquide double de celle
que peut contenir le corps de pompe; ce qui n'est
possible, à cause de l'inextensibilité du métal, que

---

[1] Le même effet ne se produit dans un récipient en tôle de fer
qu'à des pressions au dessus de 80 atmosphères.

par l'effet d'une *contraction*, d'un *changement de forme du liquide* contenu dans l'étendue du tuyau, ainsi que nous l'avons déjà prouvé plus haut.

D'autre part, en revenant vers la source durant la descente du piston, le liquide transformé devrait être doué d'une vitesse assez grande pour s'écouler dans le puits avant le rabattement de la soupape inférieure de l'aspirateur; cette vitesse ne proviendrait donc pas de la force de gravitation. Dès lors elle appartiendrait *à un autre pouvoir*, dont il n'est nullement question dans les théories physiques, et qui doit être tout-à-fait distinct de celui qui crée le mouvement vertical de la pesanteur.

Avant de rechercher l'origine de ce pouvoir, non encore défini par les physiciens, rapportons encore quelques effets très remarquables que l'on ne peut attribuer qu'à la rapidité des oscillations d'un piston de pompe à eau.

Des expériences nombreuses entreprises dans le but de découvrir la cause qui détermine la majeure partie des explosions de chaudières à vapeur, et cela en faisant éclater des générateurs placés dans diverses circonstances [1], nous ont mis à même de constater

---

[1] Les appareils qui ont servi à ces expériences, quoique de petite dimension, servaient néanmoins à des machines de la force de deux chevaux-vapeur.

Placées verticalement dans le foyer, et entourées de combustible, sur 10 à 15 centimètres de hauteur, ces petites chaudières pouvaient éclater sans nul inconvénient, parce que la maçonnerie des fourneaux était enveloppée dans un manchon de tôle forte qui s'élevait au dessus des parois chauffées avec le plus d'intensité.

Pour déterminer le déchirement du cuivre rouge, sans forte détonation, on supprimait l'injection de l'eau alimentaire; après un certain temps, on observait que les parois prenaient rapidement une

invariablement le résultat suivant : l'injection d'une quantité d'eau froide, insuffisante pour rompre, par sa transformation subite en vapeur, les parois d'une chaudière élevées à une chaleur rouge-feu, a constamment produit une violente détonation quand la pompe à main était manœuvrée à raison de 70 à 80 pulsations par minute ; et la même chaudière n'a jamais souffert d'altération toutes les fois que, placée dans les mêmes circonstances de haute température, on y a injecté de l'eau à raison de 40 à 50 pulsations par minute.

Trois ou quatre injections faites rapidement ont toujours déterminé l'explosion, sans qu'un excès de pression, provenant de la vapeur qui se serait développée subitement par le contact de l'eau avec des

chaleur rouge, et il fallait un commencement de fusion de la soudure en cuivre pour déterminer, sous une pression de 6 atmosphères, une brusque séparation de la culasse hémi-sphérique.

Lorsque le niveau du liquide était assez descendu pour ne plus occuper que cette culasse, le métal au-dessus prenait la chaleur rouge, et si dans cet instant on injectait de l'eau par un tube qui occupait le milieu de la chaudière et descendait au fond de la culasse, 3 ou 4 pulsations rapides du piston de la pompe à main suffisaient pour opérer une forte détonation. Dans ce cas, les portes du foyer sortaient quelquefois de leurs gonds par un mouvement *ascensionnel*, et le combustible était projeté en dehors du fourneau : c'était une véritable explosion qui ne pouvait cependant occasionner de graves accidens.

Le déchirement de la chaudière avait lieu sur sa longueur, dans les points où la température du métal était la plus forte, sur une étendue de 15 à 20 centimètres, et sans altérer sensiblement la forme du générateur.

Dans l'une des explosions, il se présenta une circonstance très remarquable : un disque circulaire d'environ 27 millimètres de diamètre fut découpé dans la paroi, comme s'il eût reçu l'impulsion d'un projectile, et jeté *en dehors* de la chaudière. Les fibres du métal séparé étaient saines, et les autres parties de l'appareil n'éprouvèrent aucune altération.

parois à haute température, ait pu occasionner le déchirement, les inflexions courbes, les arrachemens du métal, tels qu'ils se sont présentés; car les soupapes de sûreté auraient eu le temps de se soulever pendant ces injections, et elles n'ont point quitté leur siége, même lorsque le mouvement, devenu plus lent, était interrompu après 6 ou 8 pulsations.

Rapportons encore un effet d'explosion [1] déterminé par l'injection rapide d'une petite quantité d'eau dans un récipient déjà rempli d'air à une *très forte pression*.

L'appareil dont il s'agit se composait de deux récipiens concentriques en tôle, arrangés de manière que celui placé à l'intérieur devait éclater sans rompre les parois du récipient le plus fort qui lui servait de chemise et l'enveloppait complètement.

On avait calculé que le déchirement de la tôle devait s'opérer sous une pression approchant de 100 atmosphères dans le plus petit récipient; mais on fit d'inutiles efforts pour donner à l'air comprimé une aussi forte tension [2].

Celui qui dirigeait l'épreuve, voulant obtenir en peu de temps une pression supérieure à la résistance du métal, pensa qu'il arriverait facilement à ce but au moyen d'une injection d'*eau* dans le récipient intérieur. En conséquence, il fit plonger dans le liquide l'aspirateur de la pompe foulante, et ordonna

---

[1] Cette explosion a eu lieu en présence d'une réunion de fonctionnaires publics auxquels on désirait montrer l'efficacité de l'appareil, pour prévenir tous les accidens qui peuvent résulter des fortes pressions.

[2] Il est très probable que sous la pression au delà de 80 atmosphères la tôle ne retient plus l'air, et que ce gaz s'infiltre à travers les pores du métal.

de faire marcher le piston de cette pompe avec la plus grande vitesse possible. Après quelques coups vivement répétés, une violente détonation, comparable à l'explosion d'une bombe, porta l'effroi au milieu des assistans. Les deux chemises avaient éclaté à la fois, et de nombreux fragmens de tôle rayonnaient de toutes parts, heureusement à une assez grande hauteur pour ne frapper personne.

Ces fragmens constataient des effets extraordinaires : le déchirement avait suivi plusieurs directions, en forme de zig-zag, quelquefois d'équerre ; et on retrouvait des débris pareils à ceux des corps cassans, quoique la tôle fût parfaitement ductile.

A quelque temps de là, on recommença l'épreuve sur un récipient en tôle plus mince que celui qui avait éclaté, et sans introduire de l'eau pour achever rapidement la compression de l'air. L'expérience réussit parfaitement : la tôle du réservoir intérieur s'ouvrit sur une arête du cylindre, la chemise extérieure demeura intacte, et l'appareil des deux chemisesne quitta point son siége. Ainsi l'effet de l'injection rapide de l'eau, à l'intérieur d'un réservoir d'air comprimé, paraît être le même que dans les chaudières à vapeur, c'est-à-dire qu'il développe un pouvoir aussi instantané que celui de la foudre.

Mais voici quelques effets plus faciles à reproduire que celui des explosions.

Si l'on pose une soupape d'acier ou de fer forgé sur le siége en cuivre d'une pompe à eau froide qui fournit plus de 60 pulsations par minute, comme celle des locomotives allant à grande vitesse, en moins d'une heure et demie de *service* la surface du fer sera creusée de mille petits trous, et le même effet sera beaucoup plus lent si la pompe travaille à petite vitesse.

Il y a donc, dans le premier cas, un développement de force analogue à celui qui se manifeste en travail utile dans le cas d'une soupape isolée sur un aspirateur.

AUTRE PHÉNOMÈNE. Lorsque, dans les épreuves par la presse hydraulique, l'on veut constater le degré de résistance des parois d'un récipient, d'une chaîne ou d'un tirant en fer, il suffit d'accélérer au delà de 60 oscillations doubles par minute le jeu de la pompe d'injection, pour qu'en 3 ou 4 jets à l'intérieur de la presse il se développe un pouvoir extraordinaire, qui brise quelquefois les récipiens et alonge les chaînes sous une pression que l'on doit regarder comme faible, en s'en rapportant aux indications de la soupape chargée [1]. Or la pression effective peut s'élever ainsi à un chiffre considérable, et l'on s'en assure facilement en ralentissant le jeu de la pompe. On voit alors que la résistance des chaînes avait été forcée, puisque en ne changeant rien au poids sur les soupapes, il ne se manifeste plus d'alongement. Une grande accélération du va-et-vient du piston fournit donc encore dans ce cas un *pouvoir* qui ne peut être attribué qu'à un *changement de forme du liquide*, d'où résulte autour des soupapes un *vide* capable de réduire beaucoup l'effet du poids qui sert à les charger.

Ce dernier exemple offre une indication de plus que les précédens, en ceci, qu'il montre clairement

[1] On produit le même effet lorsque l'eau injectée acquiert une grande vitesse dans les conduits accessoires.

une action puissante que l'on peut appeler électro-
magnétique, qui aspire énergiquement *en dehors des
conduites d'eau le liquide transformé*, et qui crée un
vide [1] incomparablement plus fort que celui d'une
machine pneumatique, et trompe sur le degré de
pression exercée dans les récipiens servant aux
épreuves.

La puissance du *vide* dont il s'agit n'est pas égale
sur toute l'étendue horizontale d'un conduit; il y a
des points maximum, et ces points, chose remarquable, ne sont pas sans rapport avec les centres des
ondes ou les foyers polaires d'un barreau aimanté.
Ainsi il y aurait une relation entre les effets appelés
électro-magnétiques et le *pouvoir* qui accompagne la
transformation de l'eau sous un va-et-vient rapide.

On peut facilement comprendre tout ce que présenterait d'intérêt une série complète d'expériences
qui embrasserait les divers phénomènes du jaillissement de l'eau par une soupape isolée sur un conduit
d'aspiration ; c'est peut-être l'appareil le plus convenable pour déterminer les propriétés caractéristiques
des métaux qui sont susceptibles de fournir des
conduites d'eau, car rien ne serait plus simple que de
constater le poids sous lequel la soupape du jaillisse
ment cesserait de se lever, pendant le va-et-vient du
piston, à raison de 70 pulsations par minute. On esti-
merait aussi les distances des foyers polaires, c'est-à-
dire les points du *vide* le plus énergique sur l'étendue
des conduits, les dimensions des soupapes pour obte-

---

[1] Ce *vide* se manifeste encore dans les écoulemens des gaz et de
la vapeur, quand on interpose un disque pour rompre le courant
du fluide.

nir le plus grand effet de la part du *vide*, et une foule de résultats non moins intéressans pour la physique que pour la chimie et les autres sciences. [1]

Mais nous oublions, en parlant du *vide* électro-magnétique, qu'il est question d'une propriété non encore définie, qui appartient à la matière dans l'état fluide, et qu'il faut la bien distinguer de la propriété du *vide pneumatique* qui agit directement sur les *particules* liquides pour les aspirer, tandis que le *vide* électro-magnétique, ou plutôt *atomique* qui est la conséquence des *liquides transformés*, agit à travers les parois les plus épaisses, et parvient à désagréger, à rompre et entraîner des disques entiers, pour ramener les liquides à *l'état atmosphérique*. L'aspiration des petits fragmens, des limailles de fer par un barreau aimanté est l'un des faibles effets du *vide atomique* produit par une oscillation plus rapide que celle du balancier dans le pendule à secondes. Dans le phénomène du jet d'eau sur le prolongement de l'aspirateur, il y a *vide* atomique alternativement au dedans et au dehors de la soupape.

Ainsi, de ce qui précède, il résulterait qu'il existe des *vides* de diverses natures, en raison de la forme et des dimensions des groupes fluides matériels, et déjà nous pouvons établir la différence entre le *vide pneumatique* qui aspire les *particules d'eau* sans *changer* leur forme d'une manière sensible, et le *vide atomique* qui aspire partout, sans éprouver d'obstacle, les mêmes particules *contractées* et ayant subi un changement de figure.

[1] Nous ferons au moins une partie de ces expériences, et nous en rapporterons plus loin les détails

Maintenant il doit paraître vraisemblable que si l'espace est rempli de mouvemens oscillatoires qui opèrent sans cesse des déplacemens de groupes matériels, les diverses natures du *vide* correspondront aux différences d'amplitude et à la *durée* relative des oscillations : dès lors il ne serait plus étonnant que le va-et-vient plus ou moins rapide d'un piston exerçât une grande influence sur la nature des mouvemens pour les colonnes d'eau.

Il n'est pas inutile de dire ici que l'hypothèse d'un mouvement oscillatoire *dans l'espace non occupé par les corps opaques et solides* est consacrée dans la théorie des ondes lumineuses, où l'on admet l'existence d'un fluide impondérable, l'éther, pour servir d'élément, de véhicule, aux vibrations d'où naissent les phénomènes de l'optique. Il n'est pas moins important de faire remarquer que cette hypothèse écarte entièrement l'action de la pesanteur pour le fluide éthéré, qui reste ainsi sans aucun rapport physique avec la matière; qu'alors on ne le considère pas comme susceptible d'acquérir trois dimensions, et que, réduit à deux, il rentre dans *l'absolu* et *l'idéal* mathématique. Or cette hypothèse est tout-à-fait contraire au principe déjà établi, et qui sera confirmé ultérieurement par toutes nos observations sur les phénomènes du déplacement de la matière, savoir : que le déplacement est partout la conséquence d'une transformation pour les groupes *matériels,* sous un effet oscillatoire qui n'admet que des *rayonnemens indépendans de la position du centre de figure ,* c'est-à-dire que l'espace est subdivisé indéfiniment et classé par couches de niveau, dans lesquelles chaque particule de *matière* représente, dans son organisation propre, les rayonnemens du tout complet.

Qu'on imagine une spirale, un ressort de montre, dont tous les atômes *matériels*, subdivisés et classés en catégories diverses, auraient un mouvement triple sur un anneau de cette courbe, l'anneau ayant une épaisseur finie, et l'on se formera une première idée des propriétés naturelles de la matière, si l'on parvient à se figurer qu'un centre de spirale est partout où l'on peut saisir l'existence d'un groupe *matériel classé*.

Hâtons-nous de dire que par le mot *matériel*, nous devons entendre le mouvement *alternatif* sur trois axes rectangulaires, sur trois élémens de spirale, établissant une correspondance exacte avec la définition géométrique du *volume*, qui comprend trois dimensions orthogonales, exprimées par les mots longueur, largeur et épaisseur. Si la matière ne peut jamais être privée de ces trois dimensions, si elle représente *toujours un volume*, même à l'état le plus extrêmement petit, pour conserver l'espace du centre d'une figure représentée par la spirale *vivante*, il doit être impossible de séparer la matière des trois *oscillations* rectangulaires.

Au surplus, ce groupe de trois forces, de trois oscillations doubles sur des rayons orthogonaux, est mis en évidence dans les trois mouvemens oscillatoires de l'aiguille d'une boussole, et aussi dans le phénomène de la propagation des ondes autour d'un centre, sur une nappe liquide; les particules d'eau y deviennent tour à tour, sur chaque plan de niveau compris dans la hauteur des soulèvemens, les centres de petites ondes partielles qui, en s'éloignant du centre commun, fournissent toujours des oscillations orthogonales dont l'ensemble constitue à chaque instant, pour l'œil, un anneau *compact*, quoiqu'en réalité le va-et-vient rayonnant fournisse des effets distincts, sensibles à l'un de nos organes, quand l'onde est interrompue. Et dans ce phénomène de la propagation des ondes à la surface de l'eau, si admirable qu'il saisit et captive indistinctement toutes les facultés pour l'homme le moins instruit, comme pour le plus savant, l'on doit voir l'image de tous les mouvemens auxquels nos facultés physiques et morales peuvent s'associer dans l'espace qui fait notre univers, image sublime, puisqu'elle répète, pour le plus petit volume atomique, les effets sans nombre dont se compose le tout complet, subdivisé en divers ordres de grandeur, qui tous aboutissent à une seule mesure, l'unité de temps !

Quant à la manière d'*être* des groupes à trois dimensions, toujours soumis à trois mouvemens oscillatoires rectangulaires, on peut se la représenter par des élémens curvilignes, tangens et géométriques, dont les rapports entre eux varient par des rapprochemens plus ou moins parfaits, qu'on appelle en géométrie des contacts de divers ordres [1].

Quoique fort incomplet, cet exposé rapide trace au moins la pensée générale qui domine notre ouvrage. Nous devions seulement faire apercevoir que la pesanteur n'est pas une force simple, invariable, et pour cela il a fallu présenter le réseau dans lequel s'encadreront les conséquences que nous déduirons

---

[1] Voir le chapitre suivant.

ultérieurement d'un grand nombre de résultats fournis par l'expérience; mais il nous reste encore à dire
quelques mots sur la définition du *vide* pneumatique.

Si en recherchant la cause qui arrive à créer un
obstacle à l'ascension des liquides, sous l'aspiration
d'une pompe, on se fût borné à énoncer qu'à 32 pieds
(10 mètres 36) on atteint la limite des forces que la nature a mises dans l'organisation de l'eau, qui change
rapidement de forme quand on trouble son atmosphère, les sciences physiques n'auraient pas eu à
enregistrer comme vérité, l'hypothèse d'un vide *absolu*, dans un espace de grandeur finie, comme celui
d'un récipient pneumatique. L'idée de *l'absolu* est
admise avec répugnance, même pour les définitions
de la géométrie.

Après avoir aspiré presque tout le fluide atmosphérique contenu dans un récipient, l'expérimentateur a dit : Il n'y reste plus de fluide *pesant* que ce
qui provient de l'imperfection de la pompe [1]; comme
si des gaz ne pouvaient jamais fournir une combi-
naison capable d'annuler une partie très notable de
leur pression verticale, et de déterminer un *vide*
d'appel semblable à celui qui résulterait de l'aspiration d'une forte machine pneumatique. Ne sait-on
pas qu'en projetant dans le conduit des gaz brûlés,
la vapeur qui s'échappe vivement des cylindres d'une
locomotive, il s'y manifeste une *condensation*, un *vide*
local, où l'air du foyer se précipite sous une pression
qui peut aller à une demi-atmosphère.

[1] C'est une erreur que nous rendrons manifeste : la pression qui
reste dans le récipient ne peut pas provenir de l'air comprimé sous le
piston au bas de sa course.

Par cet exemple on voit encore que le *vide* n'est pas autre chose qu'un *changement de figure*, d'où résulte une oscillation horizontale *dominante* qui s'accroît successivement de toute la force enlevée à l'oscillation verticale.

Dans cet ordre d'idées, toutes nos perceptions indiqueraient un effet de *déplacement* des groupes fluides, résultant de la *contraction* par les ondes générales *interceptées* à des intervalles égaux; de là des *centres d'aspiration* dans toute l'étendue de l'atmosphère.

Placé dans ce milieu aspirateur, un corps serait sollicité à marcher dans la direction où ses groupes fluides se trouveraient le plus énergiquement *aspirés*, et s'avancerait toujours par un mouvement alternatif sur trois axes rectangulaires; il descendrait et s'élèverait tour à tour, comme la pierre qui ricoche sur l'eau, et traverserait l'espace par une *émission*, une *espèce* de combustion des ses élémens organiques; par conséquent en subissant des transformations successives et imperceptibles, non seulement dans ses particules, mais encore dans la *chemise fluide* qui constitue son *atmosphère propre*. Sans cesser d'être matière, sans se décomposer d'une manière sensible, un corps solide pourrait ainsi arriver à perdre la presque totalité de son poids par l'accélération du mouvement horizontal, c'est-à-dire à n'exercer par intermittence qu'une faible *pression* verticale sur le sol; mais la propriété de peser lui serait restituée aussitôt que les oscillations de niveau perdraient leur supériorité sur les oscillations perpendiculaires.

Terminons ce chapitre, déjà trop long et néanmoins fort incomplet, par le résumé d'un ouvrage
que nous publierons sans tarder, pour établir quelques relations géométriques entre la pesanteur et les
oscillations qui déterminent le changement de figure
des fluides ; on y verra se confirmer de plus en plus
le principe des *contractions* et *dilatations* alternatives
sur trois axes rectangulaires, sous la condition que
toute espèce de force [1], *développée en un point quelconque de l'espace, revient au même point après un
temps très petit, pour la presque totalité de la force,
et dans un intervalle de temps sans fin, pour le complément ou l'autre partie ; de sorte que la force effectivement perdue devient de plus en plus petite et inappréciable par les retours successifs.* [2]

Dans cet ouvrage nous montrerons : 1° que les
particules matérielles ont à la fois un classement et un
enchaînement, au milieu d'innombrables solutions de
continuité distinctes, perceptibles ; c'est-à-dire, que
les groupes solides sont loin de rester indifférens,
dans leur constitution intime, aux déplacemens qu'ils
subissent.

2° Que l'enchaînement des fluides à la matière
sous les trois formes, solide, liquide, et gazeuse, fournit des oscillations périodiques, d'abord légèrement
irrégulières, qui deviennent ensuite tellement uni-

---

[1] La force représentée par le mouvement oscillatoire donne une
oscillation, par exemple, pour le départ et une autre oscillation
pour le retour, avec une différence extrêmement petite.

[2] Ce retour des forces vers le point de départ est défini en physique par l'élasticité qui exprime une contraction et un changement
de figure pour les groupes de l'atmosphère fluide des corps.

formes, qu'il est absolument impossible de leur assigner une différence.

3° Que les oscillations périodiques, sensiblement irrégulières, sont au nombre de trois, et que dans l'expression de leur mesure elles ont le même chiffre caractéristique, rapporté à deux unités différentes.

4° Que ces oscillations se rattachent aux mouvemens du flux et reflux de la mer, et à d'autres mouvemens périodiques qui se manifestent dans l'atmosphère générale des corps.

5° Que chaque particule a une chemise ou une *atmosphère propre*, dans l'atmosphère générale du corps dont elle fait partie, que l'une et l'autre changent de forme sous la loi des oscillations périodiques.

6° Que les groupes de particules, quand ils sont isolés, constituent par leur atmosphère une sorte d'organisation, et que, par le rapprochement des particules, les atmosphères diverses se combinent et ne forment plus qu'une atmosphère générale, ayant des dimensions finies, au milieu de solutions de continuité perceptibles.

7° Que toutes les agrégations ont deux centres de figure pour les rayonnemens oscillatoires sur chacun des trois axes orthogonaux, et que le rapprochement, appelé contact des particules matérielles, indique un équilibre presque parfait entre les forces qui déterminent les oscillations périodiques,

8° Que pour l'ensemble des corps dont se compose la terre, les rapides courans qui descendent du pôle nord par les bouches du Spitzberg, représentent l'une des circulations *artérielles* qui concourent au phénomène du flux et reflux de la mer.

9° Que dans l'atmosphère générale, subdivisée en couches de niveau très minces, représentant des séparations analogues à celle de l'eau avec l'air atmosphérique, il se manifeste un flux et reflux en rapport avec celui des marées.

10° Que le retour du flux et reflux, parmi ces innombrables couches de niveau, est l'effet d'un rayonnement alternatif dominant, qui produit une circulation générale et périodique, ayant pour centres les pôles de la terre.

11° Que les oscillations du balancier pour le pendule, de l'aiguille pour la boussole, et du mouvement de gravitation des corps, dépendent du flux et reflux dans les couches *fluides* de l'atmosphère.

12° Enfin, que la longueur, ainsi que les deux autres dimensions des corps, alors qu'ils sont en liaison, ont une influence sur les effets du mouvement de ces corps, de même que la longueur du balancier dans le pendule a une influence sur la durée des oscillations de cette tige rigide.

Comme il ne doit être question dans ce chapitre que des effets de la pesanteur et de la pression sur le sol, pour les corps animés de différentes vitesses, nous nous bornerons à dire, qu'après avoir étudié et comparé les résultats du mouvement à la surface de la terre, nous arriverons facilement à démontrer que le travail du calorique est un effet oscillatoire comme celui de la pesanteur, qu'il exprime un déplacement, une sorte d'émission de groupes matériels, et qu'il appartient à la théorie des ondes, que nous appellerons bientôt la théorie des *limites*, pour les mouvemens oscillatoires.

Nous montrerons ailleurs de quelle manière les différences de vitesse ou de durée des oscillations peuvent constituer des rapports entre la théorie des ondes et les propriétés des lignes et surfaces courbes, considérées au point de vue géométrique.

En résumant, ainsi que nous venons de le faire, beaucoup de questions importantes qui nous paraissent avoir une origine commune, notre but est de faire sentir qu'un long travail a dû précéder l'idée d'une modification au principe de la loi newtonienne.

Cette loi, confirmée par tout ce que les sciences mathématiques peuvent fournir en vérifications exactes, a laissé si peu de place au doute, en ce qui concerne les effets de la gravitation à la surface de la terre, que, sous quelque forme qu'on enveloppe l'énoncé d'une modification sur la nature de cette force, il doit s'élever une répulsion puissante.

Cependant le phénomène décrit dans l'article suivant ajoutera quelque valeur aux considérations nouvelles dont il vient d'être question, car il rend parfaitement sensibles les *contractions* et *dilatations* des fluides qui constituent le princip. lu mouvement des corps.

DU PRINCIPE DE LA CHALEUR.

Le maître le plus habile dans l'enseignement des choses positives est sans contredit l'art de séparer et de ranger dans un certain ordre qui facilite beaucoup les opérations de l'esprit, toutes les perceptions dont l'ensemble fournit un phénomène complet.

Ce travail, que l'on peut appeler mécanique, a ses conditions particulières. Il exige que chaque intelligence prenne le temps convenable pour opérer en quelque sorte une réduction des images qui doivent se peindre et se reproduire dans le miroir de la pensée, où elles subissent des transformations sans nombre. Dès que l'on sait énumérer les circonstances diverses d'un effet physique, de la même manière que la mémoire retrace le détail des traits d'un visage qui a fixé l'attention, l'intelligence prend, pour ainsi dire, possession du phénomène, et ne manque pas d'en tirer parti en temps utile.

Pour opérer avec succès un changement dans les idées que l'on s'est habitué à regarder comme invariables par leur nature, la marche à suivre est donc de présenter souvent des effets nouveaux qui troublent l'ordre des prévisions physiques.

Nous avons déjà montré dans l'article précédent diverses circonstances où le pouvoir de la gravitation est remplacé par une action plus puissante, que nous attribuons au *vide atomique*, c'est-à-dire à des concentrations d'un ordre plus petit que celles des particules matérielles. Maintenant nous allons faire l'exposé d'un phénomène plus compliqué que celui du *bélier atmosphérique*, mais qui a néanmoins la même origine.

Il s'agit de gravures, *réduites* ou *amplifiées* géométriquement par la seule action du gaz aqueux.

Qu'on imagine des chiffres, des lettres, des figures de toute espèce, gravés sur les deux faces planes d'un disque circulaire en alliage fusible, plus dur que l'étain et le plomb [1] : toutes ces figures peuvent varier de grandeur, sans changer de forme ni de proportions et sans le secours d'aucun agent mécanique. Voici dans quel cas l'on obtient ce singulier résultat.

Les chaudières des locomotives sont soumises, en France, aux réglemens qui prescrivent l'emploi des rondelles fusibles. On se sert pour cela d'un robinet terminé supérieurement par une petite chambre cylindrique, où l'on pose la rondelle de 4 centimètres de diamètre, qui doit fermer le passage à la vapeur. On comprime la plaque, épaisse de 17 millimètres, avec un disque en métal, percé circulairement dans son milieu et boulonné avec la bride du robinet [2].

Durant le premier mois, les rondelles d'alliage ainsi établies ne donnent aucun signe de dérangement dans leur constitution. Mais après l'intervalle de 4 à 5 semaines, on remarque un soulèvement progressif de la matière fusible qui monte et finit par remplir le vide au milieu de la plaque de serrage. Le mouvement

---

[1] Il est question de l'alliage employé sous forme de rondelles, comme moyen de sûreté pour les chaudières à vapeur. On le compose de bismuth, d'étain et de plomb.

[2] Les rondelles dont il va être question ont été tirées des locomotives du chemin de Versailles, rive gauche.

ne cesse pas quand l'alliage vient affleurer la face supérieure de cette plaque.

Il se continue jusqu'à 1 centimètre au-dessus, en
conservant à l'alliage la forme circulaire de l'orifice
qui lui a servi de filière ; il irait évidemment plus loin,
si la matière ne venait pas à manquer à la racine de
cette espèce de pousse végétative.

Lorsqu'on extrait une rondelle de la chambre du
robinet, on découvre dans la partie masquée un effet
régulier qui est loin de répondre aux prévisions de la
science. La forme cylindrique du disque a subi deux
changemens de figure. La surface cylindrique est devenue une surface conique tronquée, dont le centre
ou le sommet est au dessous du plan de clôture de la
rondelle : la base inférieure et plane a pris une forme
conique, dont le centre est au dessus de ce même
plan, c'est-à-dire que les deux surfaces, opposées par
leur sommet, révèlent deux centres d'action sur la
même verticale.

Au contact de la rondelle avec le fond de la chambre du robinet, il ne reste plus qu'une *arrête* de matière. Dans l'un des deux disques que nous avons placés au cabinet des modèles de l'Ecole des ponts et
chaussées, cette arrête fournit une circonférence à
peu près parfaite de 35 millimètres de diamètre.

Le travail du creusement s'étend à plus de 20 millimètres de profondeur dans l'une des rondelles, et à
l'extérieur, la transformation du cylindre en surface
conique occupe toujours la hauteur totale de 17 millimètres.

Indépendamment de la tige verticale, dans l'une des
rondelles qui a servi jusqu'à ce que la vapeur fût près

de s'ouvrir, par le creusement intérieur, un passage au dehors, on remarque un anneau mince de 6 millimètres d'étendue, placé comme une embase à l'origine du gonflement vertical ; et sur la face supérieure de cet anneau on aperçoit toutes les formes en creux et relief empruntées à la plaque de compression de l'alliage. Quelque étranges que soient ces diverses transformations de figure, elles sont loin pourtant d'exciter la même surprise que l'effet dont il nous reste à parler.

Les chiffres du nombre 163 qui exprimait le degré pour la fusion de l'alliage, n'ont point disparu dans le travail qui a opéré le changement de forme de la rondelle. On les aperçoit très distinctement vers le sommet du cône *creusé* dans la matière, et ils ont subi une *réduction* géométrique sur une échelle d'environ moitié de la figure primitive. On remarque pareillement au sommet du bouton vertical les trois mêmes chiffres, mais ils ont éprouvé une *extension* sensible, et leurs formes sont restées aussi pures que sur le timbre servant à l'impression.

Enfin, l'hexagone qui sert de cadre à ces chiffres présente encore un effet plus extraordinaire : les lignes qui étaient droites sur la face plane primitive, se sont courbées en *arc de cercle* dans le travail de réduction à l'intérieur du cône, creusé de bas en haut au milieu de la rondelle ; et les six arcs forment encore un hexagone régulier, réduit à une échelle de moitié relativement à la figure primitive.

Ainsi, l'on voit que sans nulle préparation, sans aucun secours mécanique, le travail naturel des fluides a suffi pour réduire et amplifier à la fois, d'après une loi de proportion, des images gravées sur les deux faces d'une rondelle d'alliage.

Dans ce double effet ne doit-on pas apercevoir de l'analogie avec le phénomène des perspectives obtenues par le daguerréotype? Voilà ce que nous aurons à examiner ailleurs, après avoir dressé un large tableau des phénomènes que les théories physiques actuelles ne peuvent expliquer.

En résumé, la tige verticale qui a surgi au milieu de la rondelle, l'anneau qui s'est épanoui comme la feuille d'une plante au pourtour du disque, les empreintes parfaites qui sont dessinées au dessus de la rondelle, les formes coniques, la réduction des chiffres et des gravures, la géométrie naturelle qui se manifeste sur chaque point, tous ces effets imprévus peuvent-ils appartenir à l'action élastique de la vapeur sur l'une des faces de la pièce d'alliage? Cela n'est pas probable. Il nous semble au contraire assez facile de démontrer que la pression mécanique du gaz aqueux n'entre pour rien dans la majeure partie de ces effets.

Considérons d'abord le déplacement horizontal de l'alliage. Il ne peut pas être le résultat d'un refoulement par pression de la vapeur, puisqu'il se forme aux dépens des parois inférieures de la rondelle devenue conique, et que ces parois, qui résistent à la force du gaz, sont moins épaisses que celles d'où sort la couronne.

Quant au soulèvement vertical, ce serait supposer un effet entièrement contraire aux notions mathématiques, que de vouloir l'attribuer à la poussée du gaz aqueux, attendu que l'entraînement du métal de bas en haut aurait dû transformer l'extérieur du disque

en une figure sphérique, et qu'il a conservé dans toutes les rondelles la forme alongée des surfaces coniques.

Nous n'entreprendrons pas ici de traiter en détail
toutes les questions que soulèvent ces effets extraordinaires. Nous nous en occuperons ailleurs, en rapportant les résultats des épreuves sur le degré de fu-
sibilité des diverses tranches d'une rondelle défor-
mée [1].

Cependant nous devons faire observer dès à présent que le contact d'une rondelle fusible avec deux
pièces en cuivre peut bien déterminer des effets analogues à celui d'une pile voltaïque; que l'amoindris-
sement de la rondelle vers le bas et le gonflement de
l'alliage au dessus de la plaque de serrage ne laissent
pas d'incertitude sur l'action simultanée de deux forces
verticales agissant *en sens inverse;* que la force qui
travaille de bas en haut est évidemment dominante;
enfin, que d'autres forces dirigées horizontalement
travaillent en même temps que les premières, et pareillement *en sens inverse,* puisque l'on remarque une
diminution de diamètre de la rondelle dans la chambre du robinet, et une augmentation dans la partie
en regard du joint des deux pièces en cuivre.

Ces diverses forces orthogonales, positives et né-
gatives, ne sont-elles pas le résultat des effets partiels
de la *contraction* et de la *dilatation* des fluides, qui se
montrent si clairement dans la réduction et l'amplifi-
cation des chiffres et des figures tracés sur les parois

---

[1] Dans la planche n° 1, annexée à ce premier volume, nous avons
exprimé les diverses coupes propres à figurer le changement de
forme des rondelles et la chambre du robinet,

de la rondelle? Nous ne conservons aucun doute à cet
égard, et nous arriverons bientôt à rendre sensible
la propriété des fluides qui développe ces divers phénomènes. Nous ferons voir que les contractions appartiennent à ce qu'on appelle en physique les nœuds
des oscillations, lesquels nœuds sont le lieu des *foyers
polaires* dans le mouvement des ondes, et le centre
d'une espèce d'aspiration atomique, qui reçoit un accroissement d'énergie par la présence de la vapeur
à haute température.

Nous n'entendons pas dire par là que la chaleur
soit une cause d'activité des mouvemens atomiques,
nous prouverons au contraire qu'elle n'est que l'effet
sensible du déplacement de la matière, sous un pouvoir qui constitue la propriété caractéristique des divers états de l'*eau* [1].

La définition de ce pouvoir doit résulter de la con-
naissance des lois qui régissent les mouvemens de la
matière fluide. Ces lois ne peuvent devenir sensibles
que par des séries de résultats coordonnés et classés
selon la nature des mouvemens. Il faut donc com-
mencer les recherches à ce sujet par l'appréciation
d'une influence qu'on a négligé d'observer jusqu'à ce
jour, c'est-à-dire de l'effet que produit l'impulsion ho-

---

[1] Ajoutons encore qu'en observant attentivement les effets du
déplacement des particules d'alliage dans les rondelles fusibles qui
ont subi une transformation, on est conduit naturellement à l'idée
que les formes géométriques ont leur origine dans les mouvemens
oscillatoires du fluide dynamique; d'où il faudrait conclure que l'intelligence reproduit les formes des lignes courbes, comme le mouvement des ondes dans l'air atmosphérique reproduit les images
de toute espèce à une échelle de proportion rigoureusement exacte,
et d'après le principe des *contractions* et *dilatations*.

rizontale sur un ou plusieurs corps, en tenant compte autant que possible de toutes les circonstances du mouvement et de l'*étendue* de la chaîne qui reçoit l'impulsion; car s'il y a un principe oscillatoire à l'origine de tous les mouvemens, s'il se forme des ondes autour des corps, il est essentiel d'avoir égard à leurs dimensions en tous sens.

Ainsi notre pensée d'éviter soigneusement dans le tableau des résultats de la pratique ou de l'expérimentation, tout ce qui porte l'empreinte d'un système, d'une théorie physique, ou d'une propriété générale, se trouve mise en évidence.

Nous n'introduirons donc dans le texte aucune discussion systématique; nous nous astreindrons à ne présenter que l'exposé fidèle de la marche des faits, avec des détails qu'on peut appeler minutieux, mais qui sont presque toujours fort utiles; enfin nous remplirons la fonction de simple rapporteur.

Mais dans les notes explicatives, tout en laissant parler les faits, nous essaierons de montrer qu'ils se rattachent à un seul principe; et si ce principe ne s'applique pas d'une manière satisfaisante à toutes les questions qui seront posées, nous confesserons sincèrement qu'il nous reste une immense lacune à franchir.

DE LA LOCOMOTION.

PREMIÈRE PARTIE.

CHAPITRE Ier.

ABRÉGÉ HISTORIQUE ET PROGRÈS SUCCESSIFS DES CHEMINS
DE FER.

Tout le monde sait que les communications faciles
et expéditives qui rapprochent les sources diverses
du travail sont les artères de la richesse particulière
et de la prospérité publique : c'est à tel point que
l'abandon des routes peut être regardé comme le
signe certain de l'apathie des peuples et de l'ignorance
ou du despotisme des gouvernemens.

Plus il y a de tendance au progrès, et plus l'on doit
travailler à réduire les pertes de force ou d'argent
qu'occasionnent à chaque instant des communications
imparfaites ; aussi voit-on les efforts persévérans du
peuple le plus puissant par le commerce et l'industrie
s'appliquer sans relâche à l'établissement des voies de
transport les plus promptes et les plus avantageuses.

Il serait difficile de porter ses regards en arrière
et de comparer les chemins étroits et marécageux des
temps reculés avec les chemins à rails d'aujourd'hui,
sans éprouver un vif sentiment de reconnaissance
pour les auteurs de l'émancipation du travail.

Aux sentiers rocailleux succédèrent les premières voies militaires, dites constructions romaines, établies sur des fondations solides, mais sans art dans leur tracé. Ces nouvelles voies, commodes pour les petits transports à charges d'animaux, devinrent insuffisantes sitôt que l'on mit en pratique l'invention des traîneaux [1].

Les besoins du commerce, issus des progrès de l'industrie, firent dès lors ouvrir des routes plus larges, où l'on sut ménager les pentes, pour permettre le transport des lourdes charges par l'action simultanée de plusieurs chevaux. Après les traîneaux vint l'usage des voitures à roues, comme accessoire de la navigation fluviale, mais des siècles passèrent avant que l'on pût découvrir la navigation artificielle par l'emploi des écluses à sas.

---

[1] Qu'on imagine une roulette en fer, de 60 centimètres, parfaitement tournée, qui aurait pour essieu le bouton de la manivelle d'un arbre de machine à vapeur, et serait poussée verticalement par une traverse unie à la tige du piston de cette machine. Lorsque le piston commencera son ascension, sous l'effort de la vapeur, la manivelle s'éloignera rapidement de la verticale, et quelle que soit la charge, depuis 1,000 jusqu'à 15,000 kilogrammes, cette roulette *glissera*, nous en avons fait l'expérience, comme si elle était invariablement fixée à l'essieu; tandis que vers le milieu de la levée du piston, quand la manivelle s'écarte lentement de la verticale, la roulette tourne parfaitement sur son essieu, sans glisser sur la traverse. Delà il suit que le frottement, dans cette circonstance, diminue à mesure que la vitesse de translation augmente, c'est-à-dire qu'un traîneau tiré avec une grande vitesse sur un chemin sans aspérités resterait comme solidaire avec ses roulettes, et que l'on pourrait les remplacer sans perte de force notable par un sabot bien dressé sur sa face en contact avec le chemin. Mais si le frottement diminue alors que la vitesse d'impulsion s'accroît, la pression verticale peut-elle rester la même sous les diverses impulsions horizontales, le frottement des corps est-il indépendant de la vitesse de celui qui se déplace?

C'est à la France et au siècle des plus grandes gloires littéraires qu'est dû le premier monument dans l'art de changer le cours des rivières; de les maintenir dans un lit artificiel, quelquefois sur le versant de montagnes escarpées; d'économiser la pente; de porter des eaux abondantes d'un bassin dans l'autre, et de les faire servir comme les forces mécaniques pour monter et descendre de lourds bateaux.

OEuvre du génie et tout à la fois d'un sentiment patriotique, le canal du Languedoc, qui partage ses eaux entre la Méditerranée et l'Océan, au seuil dit de Naurouse, marqua une ère nouvelle pour le commerce et les transports à l'intérieur [1].

Rappelons ici qu'après avoir visité avec le modeste

---

[1] Un canal de navigation peut être comparé à un ensemble de machines hydrauliques alimentées avec la plus grande économie, pour éviter tout chômage partiel.

La distribution de l'eau, pour qu'elle coule durant le jour dans les biefs du canal de Languedoc, comme dans une rivière, constitue un service qui n'exige pas moins d'attention que celui d'une machine à vapeur, particulièrement dans la saison des sécheresses où l'eau ne suffirait pas aux besoins de la navigation, si on ne la dépensait pas uniformément pendant le jour et la nuit.

Le service de la répartition de l'eau sur 224 kilomètres, alors que l'écoulement s'opère dans deux sens, que la réserve se trouve fort éloignée du canal, et que la dépense inégale des écluses à sas ne doit pas abaisser le niveau des retenues, au point de gêner la circulation des bateaux; ce service, disons-nous, qui présente de grandes difficultés, est conduit avec une précision remarquable sur toute la ligne du canal de Languedoc.

Pour se rendre compte des travaux préparatoires auxquels le célèbre Riquet se livra durant un grand nombre d'années en présence de la principale difficulté du problème, l'alimentation du canal par un volume d'eau suffisant, il faut connaître les brusques inégalités du sol, l'aridité des montagnes et l'absence des sources dans le voisinage de Naurouse, point culminant du canal.

La chaîne qui rattache les Pyrénées à la montagne Noire, auprès de Rével, barre le vallon du ci-devant Languedoc, à 42 kilomètres

auteur de cette belle entreprise tous les ouvrages qui lui assignent encore le premier rang parmi les constructions de canaux à point de partage , le célèbre Vauban s'arrêta sur la chaussée de l'étang de Saint-Féréol.

Là il écouta très attentivement le récit des difficultés de construction d'un barrage qui soutient 100 pieds de colonne d'eau sur plus d'un demi-quart de lieue. Après ce récit il y eut un moment de silence; P. Riquet attendait la sanction de Vauban. « Il manque une seule chose à ce bel ouvrage, dit ce dernier. — Quoi? reprit Riquet avec inquiétude. — Un piédestal surmonté de votre statue pour dominer cette vaste nappe

E.-S.-E. de Toulouse. Le coussin le plus bas de cette chaîne, dite de Naurouse, élevé à environ 200 mètres au dessus de la mer, était regardé par tous les hommes de l'art comme un obstacle insurmontable à l'exécution du canal, eu égard au niveau des rivières susceptibles de fournir de l'eau en abondance.

Paul Riquet suppléa par ses habiles conceptions et par de grands ouvrages à ce que la nature lui refusait sur les lieux.

Il rassembla au loin différentes petites sources du *midi* et du *nord*, les conduisit tantôt dans leur lit naturel sur 22 kilomètres, ailleurs sur des versans et des rochers presque à pic, et traversa ainsi une nouvelle étendue de 70 kilomètres par des ouvrages dont les dispositions à la fois économiques et hardies seront admirées dans tous les temps. Les explorations du terrain furent l'objet de ses études et de ses recherches pendant presque toute sa vie, car ce fut à l'âge de 62 ans que cet habile ingénieur, qui employait pour niveau la règle avec le fil à plomb , parvint à créer une nouvelle rivière dans un pays de montagnes, et à faire descendre au bief de Naurouse un volume d'eau considérable et presque constant.

L'entreprise du canal de Languedoc fut préparée avec une sage lenteur, et exécutée avec une étonnante rapidité dès qu'elle eut été résolue : ses résultats sont inappréciables. Le port de Cette était un cap inhabité à l'époque où P. Riquet le désigna comme le lieu le plus avantageux à l'embarquement des marchandises qui traversaient le Languedoc par la voie du canal, et aujourd'hui l'on y voit jusqu'à 200 navires à la fois.

d'eau. § Tel fut l'éloge de Vauban, ingénieur illustre, qui ne borna pas ses conceptions aux immenses ouvrages des places fortes qui protégent nos frontières.

Le canal du Languedoc resta de longues années comme un ouvrage inimitable. La France avait tant à faire pour la création et le perfectionnement des routes ordinaires, et l'art était si peu répandu, qu'il s'écoula plus d'un siècle et demi avant qu'on s'occupât sérieusement des voies navigables. On a fait de grands travaux depuis vingt-cinq ans; mais que de choses restent à entreprendre pour doter le pays d'un système complet de navigation!

L'établissement des canaux, qui exige toujours l'emploi d'un volume d'eau assez considérable, ne pouvant convenir à toutes les usines, particulièrement à beaucoup de houillères, et les routes ordinaires ne remplissant pas les conditions d'économie exigées pour les grandes exploitations de charbon, il manquait encore un mode de transport, les chemins à rails, qui furent inventés vers le milieu du dix-septième siècle.

L'usage des rails s'introduisit d'abord pour l'exploitation des houillères de Newcastle, à peu près vers le même temps, 1755, où l'on fit en Angleterre le premier essai de canalisation sur le ruisseau de Sanky, depuis la rivière de Mersey jusqu'à Sainte-Helens, dans le comté de Lancastre.

Les premiers chariots employés sur les rails, ayant un poids considérable, usaient vite les longues pièces de bois sur lesquelles circulaient les roues. Malgré leurs fortes dimensions, on voyait ces pièces fléchir et se rompre avant d'être usées; et quoique supérieur

4

aux chemins empierrés sous le rapport de l'économie des transports, ce nouveau mode entraînait
encore des frais trop considérables de main-d'œuvre
et d'achat de matériaux.

Pour remédier à ces divers inconvéniens, l'on essaya de recouvrir les rails simples avec d'autres pièces de bois nommées longrines, qu'on pouvait renouveler sans attaquer la charpente inférieure.

Ce perfectionnement conduisit ensuite à l'usage
des lattes en fer battu, clouées sur les longrines, ce
qui procura quelques avantages, sans résoudre les
difficultés ; car les clous servant à fixer les plaques
se lâchaient promptement et devenaient la cause de
fréquens chômages dans les transports.

L'emploi des lattes fut suivi de l'expérience des
barres ou rails en fonte, avec des appuis isolés, et
l'on revint aux petites charges, en partageant sur
plusieurs wagons le poids qui était traîné auparavant
par un cheval sur un seul chariot. Ces barres de
fonte étaient juxta-posées, et au moyen d'un clou, on
les fixait sur des pièces de bois transversales.

Ainsi l'impossibilité de se procurer des bandes de
fer d'un profil convenable obligea de renoncer au
système des supports continus pour adopter celui
des supports espacés. Maintenant que l'art de travailler le fer permet de lui imprimer des formes creuses,
qui décuplent la résistance à poids égal de matière,
l'on revient au système des supports continus ; tant
il est vrai que les meilleures idées en mécanique ne
peuvent prendre leur place et fournir de bons résultats que par le progrès général des arts.

Plus tard, vers 1800, on remplaça les traverses

en bois servant de supports, par des pierres taillées horizontalement sur la face qui porte les rails ; on perçait ces pierres jusqu'à la moitié de leur épaisseur, on y introduisait une cheville en bois, et dans cette cheville on enfonçait un clou pour assujettir les barres.

Ces rails portaient une double saillie formant ornière pour retenir les jantes des roues : aussi l'on appelait chemins à ornières, ou à rails plats, ces nouvelles voies en fonte. On les abandonna bientôt pour y substituer des barres sans rebord, que l'on nomma rails saillans, à cause de leur élévation sur le sol. Ce fut alors que l'on imagina d'ajouter une saillie à la jante des roues pour les guider sur les barres, et empêcher les wagons de sortir de la voie.

On voit par tous ces changemens successifs, qui embrassent une période d'au moins 60 ans, combien sont lentes et onéreuses les premières constructions entreprises dans des vues de progrès, alors qu'il s'agit d'opérer un grand changement, comme celui de la transformation des routes ordinaires en chemins de fer.

Il ne reste maintenant de toutes les expériences dont il vient d'être question, que la saillie sur les jantes des roues, qui a subi ultérieurement des modifications dans son profil, et ne satisfait pas encore à toutes les conditions.

Quoique la fonte soit plus élastique que le fer forgé, les ruptures des barres en fonte étaient si fréquentes, même pour la petite vitesse, qu'il fallut s'occuper de nouveaux changemens, surtout quand il fut constaté que du moment où les roues avaient usé la couche extérieure qui est la plus dense et la plus dure, la destruction des rails en fonte devenait extrêmement rapide.

Ces deux causes de dépenses devaient faire surmonter la répugnance contre l'usage des rails en fer malléable, pour lesquels on craignait les effets d'une prompte oxidation.

Les grands perfectionnemens apportés dans l'art de laminer ou tirer le fer en barres, au moyen de cylindres cannelés, étaient d'ailleurs arrivés au point de rendre facile la substitution du fer à la fonte, sans une augmentation notable dans les dépenses de premier établissement.

On remarqua bientôt, non sans surprise, que les effets de l'oxidation sur le fer, qui avaient écarté l'idée d'employer ce métal en fortes barres, n'entrent presque pour rien dans les causes de destruction [1] des rails d'une voie en activité. Mais si l'on fut de suite rassuré à cet égard, l'on eut à constater d'autres causes d'altération que l'on n'avait pas prévues, et qui font un chiffre important dans les frais d'entretien d'un rail-way.

On conçoit facilement les difficultés que présente

---

[1] La conservation des rails en fer, exposés à l'air sur un chemin en activité, est attribuée à un courant magnétique. Nous expliquerons ailleurs les causes de la non-oxidation de ces barres; mais, dès à présent, nous devons dire qu'on s'est trop hâté de se réjouir de li'nfluence d'un pouvoir qui écarte les effets de la rouille, car ils sont beaucoup moins destructeurs que l'action électro-magnétique entretenue par le passage fréquent et rapide des convois. L'action dont il s'agit *aspire la sève* du fer et le *délie* sur toute sa section, de manière que l'on y découvre comme des filamens isolés qu'on enlève par longues baguettes, après un certain temps de service du rail-way.

l'entretien d'un assemblage de barres qui doivent de-
meurer dans des conditions presque géométriques,
sur un terrain de rapport, surtout quand on réfléchit
à l'extrême célérité des lourdes voitures qui courent
sur les rail-ways.

Une légère saillie dans les jonctions des rails occasionne des chocs au passage des remorqueurs :
ces chocs abaissent les barres, brisent les coussinets,
dérangent les supports et obligent à des réparations
qui commandent des soins de tous les instans.

L'ouvrier qui surveille une petite longueur de rail-
way est tenu de s'assurer sur sa station, après le passage de quelques convois, s'il n'est survenu aucun dérangement : toutes les pièces du système sont solidaires ; qu'une seule vienne à manquer, et il en peut résulter de graves accidens. Mais n'anticipons pas sur
les derniers progrès de la locomotive à grande vitesse,
et suivons l'ordre des perfectionnemens de cet art
nouveau, qui doit avoir une si grande influence sur
les destinées des peuples.

L'usage du fer laminé s'introduisit dans les chemins
de fer vers 1824, à peu près à l'époque où l'on obtint le
premier succès pour l'application de la machine à vapeur au tirage des voitures. L'idée de cette application remonte jusqu'en 1759.

Le célèbre Watt donna, en 1784, la description
d'une machine fondée sur le principe de la vapeur à
haute pression, et indiqua en outre les dispositions
générales d'une voiture de remorque. Toutefois l'art
des constructions n'était pas assez avancé à cette époque pour que l'on pût exécuter une pareille machine.

Des tentatives faites par Trévitich donnèrent, en

1804, le premier spectacle d'une locomotive traînant sur le rail-way de Merthit-Tidvil à Sont-Vales, plusieurs wagons chargés ensemble de dix mille kilogrammes de fer.

L'opinion dominante était alors que l'adhérence naturelle des roues sur des barres en fer uni, ne permettrait jamais l'emploi des locomotives, et l'attention a été long-temps captivée par cette apparente difficulté. On ne pensait qu'aux moyens de créer une adhérence suffisante par des aspérités ou des dents, ou bien l'on cherchait à y suppléer en imitant la marche des animaux de trait par l'usage de pattes à mouvement alternatif qui étaient articulées.

Tous les essais dans cet ordre d'idées échouèrent complètement.

La première question à résoudre pour assurer le bénéfice de la machine à vapeur aux transports sur les chemins de fer, consistait à démontrer d'abord que l'adhésion naturelle des roues sur les rails suffirait au tirage des wagons, toutes les fois que les barres seraient établies de niveau ou très légèrement inclinées.

L'honneur de cette découverte appartient à M. Blackett qui fit à ce sujet des expériences décisives.

Ce fut un grand pas vers le but qu'on se proposait, mais une difficulté non moins sérieuse restait à surmonter. Il fallait construire une locomotive qui, sans être trop lourde, eût néanmoins assez de solidité pour résister au choc des roues sur les saillies accidentelles des rails.

Depuis 1804 jusqu'au commencement de l'année 1814, on s'était borné à l'emploi d'un seul cylindre

à vapeur sur les locomotives, et l'on n'obtenait aucune régularité dans les mouvemens, quoiqu'on fît
usage d'un volant.

M. Stephenson est le premier ingénieur qui ait
employé l'emploi de deux cylindres à vapeur sur un
chariot. Son nouvel appareil, construit en 1814, fut
éprouvé au mois de juillet de la même année, aux
houillères de Killingworth.

Sur une pente douce il parvint à remorquer, à la
vitesse d'une lieue et demie par heure, huit chariots
pesant ensemble trente mille kilogrammes. Les en-
grenages affectés à la transmission du mouvement
des pistons à vapeur aux roues du remorqueur, oc-
casionnaient des chocs et des secousses, qui, même
à cette petite vitesse, faisait prévoir une prompte
destruction du système.

L'auteur fut alors obligé de changer les dispositions premières de son appareil, pour appliquer directement l'action des pistons à vapeur sur les deux
essieux de la locomotive, qu'il rendit solidaires par
une chaîne sans fin, s'engrenant sur des roues à
dents fixées à chacun des essieux.

Ce dernier modèle ayant donné des résultats beaucoup plus avantageux que les précédens, on l'adopta
dans plusieurs houillères.

La chaudière ne présentait d'ailleurs aucune inno-
vation remarquable : elle était formée de deux grands
cylindres non concentriques ; celui de l'intérieur con-
tenait le foyer.

Les corps de pompe, placés verticalement, péné-
traient au milieu de la chaudière, et les tiges des
pistons, attachées à des traverses en fer, menaient

des bielles[1] de transmission de mouvement en dehors des roues du moteur.

Cependant les applications de la machine à vapeur sur des chemins à rails, dans des exploitations particulières de houille, restaient trop imparfaites pour qu'on osât l'employer au service des voyageurs, qui exige de la vitesse, et particulièrement une grande régularité.

L'établissement de diligences traînées par des chevaux sur le rail-way de Stockton à Darlington fit connaître, il est vrai, que pour la petite vitesse, l'emploi des locomotives n'était pas indispensable au succès des chemins de fer.

Ce premier résultat, obtenu à l'époque d'un grand entraînement pour les entreprises par actions, en 1825, ouvrit une nouvelle carrière aux spéculateurs, et amena l'exécution du rail-way de Liverpool à Manchester, ouvrage d'un grand intérêt, qui devait attirer fortement l'attention publique. On s'y appliquait à ménager les pentes au prix des plus grands sacrifices; on exécutait tous les ouvrages en vue de la facilité des transports, sans trop s'occuper du chiffre des dépenses de construction; on se proposait enfin de fixer l'opinion sur le degré d'utilité des nouvelles voies en fer.

Le perfectionnement de la locomotive occupait alors le premier échelon dans la série des progrès à réaliser.

Les directeurs de la compagnie du rail-way de Li-

---

[1] Les bielles sont des pièces semblables à la tige de fer qui relie la pédale à une manivelle de pierre à aiguiser, comme celle des rémouleurs.

verpool comprirent toute l'importance de ce perfectionnement, et conçurent l'heureuse idée de décerner
un prix, à l'effet d'exciter puissamment l'émulation et
l'esprit inventif de tous les concurrens.

Cette résolution fut prise après une sorte d'enquête
sur l'état des chemins de fer du nord de l'Angleterre,
enquête qui avait été confiée à deux habiles ingénieurs,
en 1829, peu de temps après l'achèvement du chemin
de Liverpool à Manchester. Les conclusions du rapport qu'ils publièrent à cette occasion furent favorables à l'emploi d'une locomotive de la force de *dix*
chevaux, capable de remorquer 13 tonneaux de
marchandises, avec la vitesse de *quatre lieues* par
heure, sur un rail-way horizontal. C'était précisément
l'époque où des progrès successifs laissaient entrevoir
l'approche d'un grand succès pour la célérité des
transports par la machine à vapeur.

Les directeurs du chemin de Liverpool hâtèrent ce
moment par leur décision qui, certes, n'est pas l'œuvre
d'esprits vulgaires; ce que l'on doit remarquer, c'est
que les conditions du programme qu'ils établirent
n'imposaient point d'ailleurs de difficultés insurmon-
tables. On partait des résultats déjà obtenus, pour
appeler et stimuler la concurrence dans une question
que les directeurs du rail-way voulaient placer à un
haut degré dans l'opinion, par l'éclat du succès à
remporter.

La machine, si elle pèse 6 tonneaux, dit le programme, « doit être capable de tirer sur un chemin
« de fer bien construit et horizontal, un convoi de
« chariots du poids total de 20 tonneaux, y com-
« pris l'eau et l'approvisionnement; la vitesse sera

« de 10 milles (16090ᵐ.) à l'heure, et la pression
« dans la chaudière n'excédera pas 4 atmosphères
« et demi. La machine et la chaudière seront mon-
« tées sur des ressorts et sur 6 roues, alors que le
« poids total sera de 6 tonneaux.

« La locomotive qui pèsera le moins, sera pré-
« férée, si elle traîne proportionnellement la même
« charge, etc. [2] ».

Nous transcrivons ces détails pour bien établir tout
ce que l'on pouvait raisonnablement se promettre, à
la fin de 1829, du travail d'une bonne locomotive, et
de sa vitesse qu'on n'espérait pas élever à plus de
4 lieues par heure.

Une seule machine, la *fusée,* construite sous la
direction de M. Stephenson, parvint à satisfaire à
toutes les conditions imposées par le programme : le
prix lui fut décerné.

Le poids de cette locomotive, y compris l'eau de
la chaudière, s'élevait à 4,316 kilogrammes.

Elle eut à remorquer un chariot d'approvisionnement d'eau et de charbon, pesant . . . 3,250 kil.

Et deux wagons chargés de pierres,
pesant . . . . , . . 9,698 kil.

En tout . . . . 12,948 kil.

Après 57 minutes de chauffe, la vapeur ayant sou-
levé la soupape de sûreté, qui était chargée d'environ
3 kilogrammes ¹/₂ par centimètre carré, c'est-à-dire
à 4 atmosphères ¹/₂, la machine commença les expériences.

[1] Voir le *Traité-Pratique des Chemins de Fer* de Nick-Wood,
traduit par MM. de Montricher et de Franqueville.

Elle parcourut en 2 heures 6' 9" un trajet de 52,800 mètres, ce qui donne une vitesse moyenne de 22,852 mètres par heure. Le maximum de vitesse qu'elle put obtenir pendant une allée et un retour, fut de 38,802 mètres, et dans la route elle franchit une station à raison de 56,670 mètres à l'heure.

La quantité de coke dépensée pendant deux expériences successives, comprenant ensemble un parcours de 111 kilomètres 265 millimètres, fut trouvée de 491 kilogrammes, ce qui fait par kilomètre 4 kilogrammes 41, et pour un tonneau de 1,000 kilogrammes transporté à l'unité de distance, 1 kilomètre, 0 kilogramme 25 de coke.

Mais le poids des pavés qui représentaient la charge en marchandises n'étant guère que de 7 tonneaux, et la dépense pour le travail utile devant s'évaluer sur ce poids, et non sur celui du convoi, qui était de 17 tonnes 264, il en résulte qu'un tonneau de marchandises transporté par la *fusée*, à la vitesse moyenne de 5 lieues $\frac{1}{2}$ à l'heure, avait coûté 0 kilogramme 62 environ de coke par kilomètre, soit 2 kilogrammes $\frac{1}{2}$ pour une lieue de 4,000 mètres.

Cette consommation de charbon, quoique encore considérable, procurait néanmoins sur le résultat des anciennes machines une notable économie.

On attribua cet avantage à l'emploi des tubes d'un petit diamètre, qui, dans une petite capacité, présentent une grande surface mouillée à l'action du calorique.

L'auteur couronné, M. Stephenson, n'eut pas l'honneur de cette dernière découverte, qui fut reportée à M. Booth, trésorier de la compagnie du chemin de

Liverpool à Manchester [1]. Il est possible que M. Booth ait conçu, en 1829, l'idée de faire pénétrer les chaudières par de petits tubes ; mais alors elle n'était pas nouvelle : M. Paul Séguin avait exécuté, en France, à cette époque, plusieurs locomotives où la disposition des tubes se retrouve entièrement la même que dans les machines de M. Stephenson.

Mais il serait injuste de prétendre que c'est à l'emploi des petits tubes qu'est dû le plus grand perfectionnement des chaudières de locomotives. Watt n'a point découvert le mode de condensation de la vapeur par une pluie d'eau froide injectée au milieu du fluide élastique, et pourtant le premier titre de Watt à la célébrité est l'application de ce mode dans une machine pneumatique séparée du cylindre à vapeur. M. Paul Séguin a eu la première idée d'une chaudière tubulaire, et M. Stephenson est l'auteur de la locomotive à *grande vitesse*, imitée aujourd'hui par tous les constructeurs de machines pour chemins de fer.

Ce n'est pas ici le lieu d'examiner le caractère distinctif de la locomotive de M. Stephenson, ni d'en faire ressortir les avantages et les inconvéniens : l'objet le plus important, quant à présent, c'est d'établir l'influence qu'elle a déjà exercée sur l'industrie des transports.

Aujourd'hui la locomotive travaille sur les routes à barres avec assez de sécurité pour qu'on lui confie partout le service des dépêches par les malles-postes.

De Londres à Liverpool, on compte 363 kilomè-

---

[1] Ouvrage de M. Nick-Wood, traduit par MM. de Montricher et de Franqueville.

tres, plus de 90 lieues de postes, et l'on fait ce trajet, de jour comme de nuit, en moins de 10 heures.

Sur le chemin de Londres à Bristol, la vitesse est encore plus considérable : elle s'élève à 14 lieues par heure.

Ce nouveau progrès doit-il être attribué à l'emploi d'un système de rails à supports continus, essayé sans succès, comme nous venons de le dire, dans les premiers temps des chemins de fer, abandonné pour cause de détérioration trop rapide quand la forme des bandes était celle d'une latte, et perfectionné maintenant de manière que la dépense, pour le transport d'un voyageur à la vitesse de 14 lieues, est moindre qu'à raison de 9 lieues sur les chemins à supports espacés ?

La réussite de la *fusée*, locomotive de M. Stephenson, fut remarquable plutôt par la grande célérité qu'elle promettait pour les transports que par une économie dans les frais de traction. On dut voir que ce nouveau système réclamait encore beaucoup de perfectionnemens ; mais l'entreprise du rail-way de Liverpool à Manchester était assez avantageuse pour supporter des frais d'essai, alors qu'il ne restait plus d'incertitude sur le résultat de la grande vitesse. Les perfectionnemens indispensables furent assez rapidement obtenus, et depuis lors on a fait de continuelles recherches pour améliorer cette machine, principalement dans le but d'augmenter la rapidité des voyages [1].

---

[1] On franchit maintenant la distance de 51 kilomètres, de Liverpool à Manchester, en moins de 1 heure et 1/2, et les 700 chevaux affectés au service des 35 voitures qui circulaient entre ces deux

Bientôt il ne resta plus de doutes sur la véritable utilié des locomotives à grande vitesse : la renommée du chemin de Liverpool à Manchester parcourut le monde civilisé ; on accueillit partout avec joie la nouvelle d'un succès qui promettait 8 à 9 lieues de vitesse par heure dans les voyages, et personne, pour ainsi dire, ne demanda à quel prix reviendrait l'avantage de la circulation rapide sur les rail-ways. Cependant il ne peut s'obtenir que par des sacrifices que nous ne tarderons pas à faire connaître.

Après tous les perfectionnemens déjà obtenus, doit-on admettre que l'on peut se hâter d'entreprendre beaucoup de chemins de fer, sans s'occuper de ce qui reste encore à faire dans cet art tout nouveau, attendu qu'il ne comporte pas de changemens dans les points essentiels ?

villes sont remplacés par le travail journalier de 12 locomotives, qui transportent, indépendamment de 12 à 1,500 voyageurs, plus du triple de ce que portaient les diligences ordinaires, au moins 700 tonneaux de marchandises par jour.

Toutes les circonstances avantageuses du voisinage et de la célérité nécessaire aux immenses relations *qui unissent* ces deux centres d'activité commerciale et manufacturière, concouraient pour favoriser la nouvelle entreprise des transports à grande vitesse. Cependant la circulation journalière de 1,200 voyageurs, produisant plus de 7,000 fr., aurait à peine suffi aux frais d'exploitation du rail-way, sous la condition, qui n'avait pas été prévue, de parcourir les 51 kilomètres en 1 heure et 1/2. Le produit du transport de beaucoup de marchandises dut s'ajouter aux recettes pour assurer la réussite financière de l'entreprise. Or, un canal presque parallèle, celui de Bridgewater, semblait ne devoir laisser à la circulation rapide qu'un petit nombre d'objets de grande valeur, eu égard aux frais plus considérables par la voie de fer, lesquels s'élèvent à environ 1 fr. par tonne pour 4 kilomètres de distance; mais l'avantage de la célérité l'emporta sur une petite économie : 200,000 tonnes de marchandises prirent la direction du rail-way, et portèrent à 8 et 9 pour 100 le dividende annuel partagé entre les actionnaires.

Si l'on vient à comparer les effets de la traction sur les deux chemins de Londres à Birmingham, et de Londres à Bristol, qui diffèrent entre eux par la largeur de voie, par la forme des rails et leur pose, on reconnaît de suite que l'économie pour les frais d'exploitation sont en faveur du système adopté pour le great-western rail-way, qui fournit la plus grande vitesse : il y aura donc bientôt un choix à faire, après un mûr examen. Les constructeurs anglais n'admettent guère le doute, à cet égard, puisque, en général, ils remplacent les rails usés, dans les chemins à supports discontinus, par des rails à oreilles qui se fixent sur des longrines.

Mais en procédant ainsi, ces constructeurs ne marchent-ils pas à tâtons? Est-ce à la forme des rails seulement que l'on doit attribuer les avantages réalisés sur le chemin de Bristol? Il serait difficile de se prononcer à ce sujet, attendu que beaucoup de changemens y ont été pratiqués à la fois.

Quand on passe de la forme des voies de fer aux dispositions qui sont adoptées pour les locomotives, l'incertitude s'accroît à tel point qu'aujourd'hui ce n'est plus des ateliers dirigés par l'inventeur des locomotives, que l'on tire les appareils à roues de moyenne grandeur, 1 mètre 70, qui fournissent la locomotion *rapide* [1].

Les effets de ces appareils indiquent des propriétés inconnues pour les fluides. On élargit les cheminées à l'effet d'augmenter le tirage dans beaucoup de circonstances, et lorsqu'il s'agit de la vitesse

[1] Celle qui dépasse 12 mètres par seconde.

à 11 et 12 lieues, il faut rétrécir le conduit des gaz brûlés [1].

N'y aurait-il pas quelque grande solution de continuité dans le travail des locomotives faisant de 12 à 16 lieues par heure, comme dans le phénomène des bateaux *rapides* qui semblent endormir l'eau? C'est ce que nous ne tarderons pas à examiner ; mais il convient d'abord de faire voir quelle peut être l'utilité relative pour notre pays, de la création des chemins de fer, dans l'état actuel de nos voies de communication ordinaire.

---

[1] Des appareils qui ne donnaient pas suffisamment de vapeur ont été modifiés dans ce sens, et il en est résulté une production surabondante, même après un élargissement de 5 millimètres pour la tuyère. *Nota*. Cette modification, très remarquable, a été obtenue par M. Camille Polonceau, directeur du chemin de Versailles (rive gauche).

CHAPITRE II.

—

L'impulsion extraordinaire, donnée aux constructions de rail-way dans la Grande-Bretagne et en Belgique, a pu faire regretter, en France, que le gouvernement ne se soit pas empressé de seconder toutes
les entreprises ayant pour but de donner au commerce les avantages d'une circulation *rapide*; mais
si l'on vient à réfléchir aux énormes dépenses qu'exige
l'établissement des chemins de fer, on comprendra
qu'il fallait d'abord s'assurer de l'utilité relative de
ces nouvelles voies et des produits nets qu'elles sont
susceptibles de rapporter, afin de ne pas compromettre à la fois les épargnes d'une foule de petits capitalistes et les secours que l'état aurait fournis.

Si l'on avait épuisé presque toutes les ressources
avant de s'apercevoir que l'on s'était trompé peut-
être de moitié dans les estimations des dépenses,
quel aurait été l'embarras d'une foule d'actionnaires
et même du gouvernement, en présence des sacrifices
nécessaires à l'achèvement d'un grand nombre de ces
entreprises ? Aurait-on demandé au trésor public de
solder les intérêts des fonds de premier établissement pour les rail-ways dont les produits auraient
à peine suffi aux dépenses d'exploitation ?

Il n'était donc pas sans importance de contenir le
premier élan des spéculateurs qui voulaient entrer

aveuglément dans la voie des concessions de rail-
ways aux risques et périls des actionnaires. A supposer que cette considération ait inspiré, comme on
l'assure, la proposition du gouvernement de mettre
à la charge du trésor public les frais d'études des
grandes lignes de rail-ways, on ne pourrait que louer
l'administration, quel que soit le résultat de ses
études, si elle avait su borner à l'entreprise de Paris
à Rouen l'essai d'un chemin de fer de 30 lieues de
longueur par voie de concession.

Pour arriver à faire sentir la nécessité d'une coopé-
ration dans les entreprises des chemins de fer par
les fonds du trésor public, n'avait-on pas d'ailleurs
à examiner en faveur de quels intérêts les nouvelles
voies de communication devaient être créées? Pou-
vait-on espérer de satisfaire à la fois le commerce,
l'industrie et l'agriculture, par l'établissement d'un
réseau qui relierait les principales villes du royaume?
Enfin, ne devait-on pas craindre le reproche d'une
injuste dispensation de la fortune publique et d'un
délaissement de l'agriculture qui a déjà tant à souffrir
de l'imperfection des communications vicinales?

Le propriétaire foncier, convaincu que le plus important de tous les besoins est l'amélioration de la
vicinalité, aurait demandé si 200 millions consa-
crés à cette amélioration ne seraient pas plus fruc-
tueux pour la richesse nationale, par le perfectionnement de la culture, que par l'effet de la circulation
rapide sur 100 lieues de rail-ways, exécutés pour une
pareille somme au compte du trésor public; et il
aurait voulu, sans doute, établir pour les chemins de
fer une part proportionnelle à leur utilité, dans la

répartition des crédits applicables aux voies de toute espèce.

On n'eût pas manqué de rappeler que la création des routes ordinaires et des chemins de vicinalité furent les premiers ouvrages sur lesquels se fixa l'attention des grands propriétaires et du parlement chez nos voisins ; qu'ils ne négligèrent point ces travaux de première urgence pour sillonner la Grande-Bretagne de canaux de navigation, et qu'aujourd'hui, malgré l'établissement d'une multitude de rail-ways, dont la longueur s'élèvera bientôt à 600 lieues, ils ne reculent devant aucun des sacrifices qu'exige la parfaite viabilité des chemins de grande et de petite communication.

Au fait, les soins constans apportés à l'entretien de ces routes, qui touchent pour ainsi dire aux intérêts de tous les genres de propriété, donnent la plus haute idée de l'intelligence d'un peuple qui sait si bien apprécier tous les avantages du bon emploi du temps ou des forces productives dans les divers genres d'industrie.

Si nous voulons nous placer immédiatement au niveau des Anglais, en ce qui concerne les travaux publics, il est essentiel d'acquérir d'abord l'assurance que nous pourrons à la fois rendre viables nos routes communales, améliorer la navigation fluviale, exécuter un vaste réseau de chemins de fer, consacrer au moins cent millions à la rectification des routes royales, plus une somme à peu près égale pour le perfectionnement des ports de commerce et le balisage du littoral par des phares ; tout cela au moment où l'honneur national est engagé dans une conquête qui exigera long-temps encore de grands, mais d'utiles sacrifices.

Il faut bien en convenir, un choix judicieux doit régler l'époque et le rang pour l'exécution des entreprises qui ont un caractère d'utilité publique, afin que les demandes qui surgissent de toutes parts n'obligent point le trésor à contracter des emprunts onéreux, sans lesquels les travaux déjà entrepris resteraient nécessairement inachevés.

Telles ont été les conséquences d'une révolution suivie de vingt-cinq ans de guerre et de tributs imposés par les traités de 1815, que les revenus publics, long-temps insuffisans pour faire face aux dépenses gouvernementales, ont forcé d'ajourner à une époque plus prospère les ouvrages d'intérêt général que les capitalistes n'étaient pas en état d'entreprendre, comme en Angleterre, avec les seules ressources de l'esprit d'association.

Parmi ces ouvrages, l'ouverture des canaux et l'amélioration des rivières navigables ont déjà reçu de nombreuses allocations. Les pouvoirs législatifs n'ont refusé leur sanction à aucun des projets destinés à compléter le système de ces voies économiques. L'époque est enfin arrivée où l'on pourra s'occuper sérieusement de tous les travaux publics, et surtout d'une question qui paraît avoir été un peu négligée, de la navigation maritime en rivière.

Il ne suffit pas évidemment que nous possédions des moyens de transport par des canaux de petite navigation; le commerce appelé cabotage, qui occupe des milliers de navires en France et dans tous les états voisins de la mer, fait assez voir l'importance d'une grande étendue de côtes maritimes pourvues de ports nombreux. Or, quand on parvient à faire pénétrer les navires du commerce à de grandes distances dans l'intérieur des terres, on crée de notables avantages pour le pays, puisque ces distances ne comptent presque pour rien dans le prix du fret, lorsque la navigation est devenue facile et sûre.

On ne peut guère imaginer ce que le commerce de Paris gagnerait par le perfectionnement de la navigation sur la basse Seine, en supposant que l'on parvînt à rendre ce fleuve praticable à toutes les marées, du Havre à Rouen, pour des bâtimens à voiles jaugeant de 4 à 500 tonneaux [1]. Un pareil résultat vaudrait incomparablement plus que l'exécution d'un rail-way pour relier ces deux villes.

Mais ne doit-on pas dire en faveur des chemins de fer, que lorsque des peuples voisins découvrent des moyens nouveaux plus puissans et plus économiques pour la production, les autres peuples sont obligés, pour soutenir avantageusement la concurrence, d'employer les mêmes moyens ou d'en créer de plus puissans encore?

Ainsi, le jour où l'on est parvenu en Angleterre à filer le coton et la laine à la mécanique, les autres nations ont été forcées d'adopter les *mull-jenny* pour ne pas voir tomber cette branche de leur industrie. Quelle que soit la dépense des machines à vapeur, il a

---

[1] La nature a indiqué, par l'effet des chasses durant les crues de la rivière, par quels moyens l'on doit entretenir le tirant d'eau nécessaire à la grande navigation entre Rouen et la mer. On pourrait y parvenir sans ouvrages fixes, avec de simples caisses flottantes, propres à resserrer le fleuve dans cinq ou six points de son parcours.

fallu les employer à l'exemple de nos voisins. Par la
même raison, les Anglais et les Belges ayant multiplié
leurs moyens de circulation, ne devons-nous pas
perfectionner les nôtres de la même manière, si nous
tenons à ne pas voir une partie de notre commerce se
déplacer et l'ardeur du progrès se refroidir?

Tout cela est incontestablement vrai pour ce qui
touche l'industrie particulière, où chacun choisit à ses
risques et périls les moyens de fabrication commandés
par le progrès des arts; mais quand il s'agit d'aider
le commerce et l'industrie avec l'argent du trésor
public, c'est là le terrain où les rivalités se rencontrent,
et où l'on aperçoit le danger de mécontenter tôt ou
tard la majorité de la nation; car il est difficile de s'en
tenir à l'emploi des sommes disponibles, alors que le
gouvernement est pressé de toutes parts et accablé
de sollicitations : on arrive bientôt à escompter l'a-
venir, et si des circonstances imprévues viennent
tarir ou détourner quelques sources des revenus
publics, il en résulte des dommages pour le pays, et
quelquefois un embarras dans les finances, qui peut
amener de graves désordres.

Chez les Belges, où l'intention dominante a été de
favoriser le plus possible la circulation à bon marché
par le concours de l'état, les entreprises de chemins
de fer sont devenues pour ainsi dire un moyen de
dégrever les contribuables. Chez les Anglais, au
contraire, le parlement n'a considéré que le résultat
du parcours à grande vitesse, sans s'occuper des prix
de transport ni des dangers de la concurrence, des
pertes ni des bénéfices des concessionnaires.

Le gouvernement belge devait aussi envisager les

entreprises de rail-way comme moyen d'économie dans ses dépenses militaires, par la facilité de mobiliser un corps de troupes; puis ensuite dans le but politique de rapprocher, de mêler des populations qui ne connaissent peut-être pas assez les avantages de leur nationalité. Cependant il avait à ménager les intérêts du trésor, et par la manière dont il s'y est pris, le succès du rail-way en cours d'exécution sera l'une des gloires les plus durables de l'administration actuelle de ce pays.

Malgré l'intérêt incontestable d'un réseau de chemins de fer, il n'est pas douteux néanmoins que si le commerce des houilles, qui est la principale industrie de la Belgique, était entravé par des transports onéreux; si les chemins vicinaux, trop étroits, mal tracés et recouverts de grosses pierres roulantes, n'y étaient praticables que quelques mois de l'année, les propriétaires de domaines et de houillères n'auraient pas vu sans déplaisir que l'on négligeât les voies de la vicinalité et de la navigation pour donner aux habitans des villes le bénéfice d'une circulation rapide et à bas prix.

Nous croyons même que l'Angleterre, qui depuis sept à huit ans a entrepris avec ses capitaux flottans les ouvrages que la Belgique met à la charge de son budget, aura à regretter d'avoir agi avec précipitation dans les nombreuses concessions de rail-ways.

A en juger par le cours des actions de la plupart des voies en cours d'exécution [1], il est probable que

---

[1] Sur les trente chemins de fer entrepris au 1er janvier 1840, il n'y en avait que cinq dont les actions fussent au dessus du pair. Pour le rail-way de Londres à Birmingham, elles étaient cotées à 88

sur les 1,500 millions nécessaires à l'entier achèvement des trente rail-ways qui étaient entrepris au
mois de janvier 1840, un cinquième au moins de
cette somme devra être retranché de la fortune des
premiers souscripteurs.

Le crédit d'une nation qui fait peut-être les deux
tiers du commerce de l'Europe ne sera pas ébranlé
par le déplacement brusque d'une somme de 300 millions; cependant une aussi grande perte, supportée
par les petits capitalistes, qui n'ont pas la liberté de
placer le fruit de leurs épargnes en achats d'immeu-
bles, ne servira pas à consolider le privilége du propriétaire foncier, l'un des élémens des institutions
gouvernementales de l'Angleterre.

Elle tendra, au contraire, à accroître les causes de
perturbation que ce privilége a déjà soulevées; car
tous les intérêts sont intimement liés dans une nation.

pour °/₀ de prime à la fin de 1839. Les actions du rail-way de
Birmingham à Liverpool et Manchester étaient, à la même époque,
à 102 pour °/₀ de prime, et celles du chemin de Liverpool à Manchester à 82 pour °/₀.

Pour le rail-way de South-Eastern, une action de 50 livres, sur
laquelle il en avait été payé 15, se vendait 1 à 2 livres.

Quant aux rail-ways qui paient de beaux dividendes, il est à remarquer que la répartition des bénéfices ne s'opère pas sur le chiffre
total des sommes employées aux constructions.

Les concessionnaires étant autorisés, par leur bill, à emprunter
une somme égale au tiers du capital social, et cette faculté s'exer-
çant facilement toutes les fois que l'opération paraît avantageuse,
il s'ensuit qu'en tenant compte de la perte des intérêts pendant la
durée des travaux, l'entreprise qui distribue 8 pour 100 ne produit
pas plus de 6 des sommes employées. D'autre part, il n'est pas moins
utile de faire observer que dans les premières années de service
d'un rail-way, les frais d'entretien n'atteignent pas le chiffre moyen,
et que les dépenses d'exploitation peuvent se trouver réduites par
le transport au chapitre des frais de premier établissement, de quelques articles relatifs aux travaux d'entretien.

Il n'est pas sans utilité de faire remarquer ici sous quelles conditions s'exploitent les rail-ways anglais. Quoique les lignes en activité desservent les villes du premier ordre et les populations nombreuses concentrées dans les districts manufacturiers qui les entourent, la moyenne du prix des places ne descend pas au dessous de 14 centimes par kilomètre, plus de 55 centimes par lieue de poste.

Le taux moyen des places par nos messageries étant de 35 à 40 centimes, chacun comprendra que les tarifs de nos rail-ways seront réglés par ce prix maximum. Ainsi, en admettant que l'exploitation de nos chemins de fer à grande vitesse ne puisse pas s'obtenir à des prix inférieurs à ceux des rail-ways anglais, il est à craindre qu'en France ces entreprises ne paient pas, dans les meilleures circonstances, 3 pour % du capital engagé.

Si le prix moyen de 55 centimes par place et par lieue n'empêche pas le public de voyager en Angleterre, cela tient dans ce pays à un goût particulier, à la grande richesse et à la valeur du temps. En ne considérant que les différences des prix de nos journées d'ouvrier, relativement à ceux de la Grande-Bretagne, on doit pressentir que l'état commercial et industriel de la France ne comporte pas encore l'usage de la grande vitesse, *selon les tarifs anglais ;* qu'il existe pour nous de plus pressans besoins, particulièrement ceux de la circulation vicinale , et que le premier de tous consiste dans le transport au meilleur marché possible des marchandises qui ont peu de valeur relativement à leurs poids.

Sous ce rapport que n'aurait-on pas à espérer de

la réduction des droits excessifs qui pèsent sur la navigation par les canaux? Cette réduction, vivement
sollitée par toutes les commissions d'enquête, serait
une juste faveur, un puissant encouragement qui s'é-
tendrait à presque toutes les industries.

Quelle que soit l'importance de la circulation à
grande vitesse, on ne saurait comparer le résultat d'un
bout de rail-way, qui pourrait coûter 30 millions à
l'état, aux effets d'un dégrèvement pour une somme
égale, qui s'appliquerait aux tarifs sur la houille, le
fer, le blé, etc., dont les transports empruntent les
voies navigables.

Il est vrai que le gouvernement a promis de s'occuper de ce dégrèvement ; mais après avoir fait emploi des sommes disponibles, ne craint-on pas que
des besoins imprévus ne fassent plier les meilleures
intentions et ajourner l'opération qui réclamait les
premiers secours du trésor public ?

En un mot, s'il est possible de prouver que, sans
une subvention du gouvernement, les entreprises de
rail-way ne sont pas de nature à fournir les transports de voyageurs au même prix que nos messageries, la question de l'utilité commerciale des chemins
de fer, dans l'état actuel de l'industrie en France,
devra être posée comme il suit :

Est-il préférable de faire payer par l'état, en faveur de quelques localités, les avantages de la grande
vitesse sur les rail-ways, ou bien d'appliquer au perfectionnement des voies ordinaires la prime que les
ressources financières du pays peuvent permettre de
consacrer à l'encouragement de la culture, de l'industrie manufacturière et du commerce?

Quand les contribuables sont soumis aux mêmes charges, il est de première nécessité d'attribuer d'abord à tous les départemens les moyens d'améliorer au moins leurs routes royales, dans les points où la raideur des pentes exige l'emploi d'un nombre de coliers double de celui qu'il faudrait après la rectification.

Il est encore plus d'un département où l'on franchit souvent des pentes à 10 et 11 centièmes sur des routes de première classe [1], lorsque la plus forte inclinaison, tolérée dans les tracés des routes qui traversent les Alpes, n'excède pas 7 centièmes, et ces départemens ne sont pas ceux qui fournissent le moins au trésor public !

Une seule circonstance pourrait justifier aux yeux de tout le monde l'application à des rail-ways d'une partie des ressources du budget, ce serait l'avantage évident, pour la défense des frontières, de l'usage de la grande vitesse.

On a pu dire avec raison que les transports rapides, eu égard à tout ce qui compose l'armement d'un corps prêt à entrer en campagne, seraient trop considérables pour être effectués par le matériel ordinaire d'un chemin de fer, conséquemment, que sous le rapport stratégique, les rail-vays ne présentent qu'un faible intérêt.

Mais à cela nous répondrons que le gouvernement

---

[1] Il est juste de dire que, depuis trois ans, il a été donné des ordres pour l'amélioration de ces routes ; mais on y procède avec tant de lenteur, que des circonstances difficiles peuvent exiger le retrait des crédits ouverts pour des travaux que l'on n'est pas habitué à regarder comme indispensables.

se procurerait un matériel en locomotives, wagons et chariots de toute espèce [1], assez nombreux pour transporter dans un même convoi un corps de 15 à 20,000 hommes avec tout l'attirail de campagne, et qu'en reliant entre elles toutes les lignes, l'on pourrait transporter de l'est à l'ouest et du nord au sud, une armée tout entière en dix fois moins de temps que par les moyens actuels.

Ajoutons que cette armée n'éprouverait aucune fatigue, ne laisserait aucun homme sur sa route, ne consommerait rien en chaussures, équipemens, etc., et ne recevrait rien pour supplémens de solde ; qu'elle multiplierait sa force presqu'en raison de la vitesse de ses mouvemens ; enfin, que la valeur militaire ne succomberait plus aussi fréquemment sous le fardeau des lassitudes.

Si toutes ces considérations, qui tiennent à la fois aux liens de l'humanité et aux lois de l'économie publique, doivent appeler sérieusement l'attention du pouvoir, il ne faut pas perdre de vue la nécessité de réunir les diverses lignes, de telle sorte que les locomotives et leurs trains puissent passer de l'une à l'autre voie sans un trop grand parcours. C'est à cette question que nous consacrerons l'un des chapitres qui suivent.

---

[1] Les divers élémens de ce matériel pour les mouvemens militaires, étant alors une propriété de l'état, le département de la guerre en aurait l'entretien comme pour les caissons et les divers objets du matériel de l'artillerie : conséquemment on serait toujours en mesure de pourvoir immédiatement à des transports rapides et considérables.

CHAPITRE III.

—

§ Iᵉʳ. — *Chemins de fer de Saint-Germain et Versailles.*

Dès que l'exploitation du rail-way de Liverpool à Manchester eut donné de bons résultats, malgré une dépense qui s'est élevée à plus de 600,000 fr. par kilomètre, il devint utile que l'on essayât de créer aussi quelques chemins de fer en France, exclusivement avec les capitaux particuliers. Mais avant d'engager les épargnes d'un grand nombre de petits actionnaires, ne fallait-il pas d'abord s'assurer, le plus exactement possible, du montant des dépenses probables pour l'établissement de la première voie à concéder? ce qui était assez facile en s'appuyant sur les documens du rail-way de Manchester. Ne devait-on pas s'enquérir de la possibilité de réduire de plus d'un tiers, comme on l'a fait en France, les tarifs affectés à la locomotion rapide, sans renoncer à des dividendes suffisans? Ne devait-on pas exiger que des devis estimatifs, dressés par des hommes de l'art, eussent fait connaître à tous les coïntéressés la part des mauvaises chances d'une entreprise de voie de communication à grande vitesse? Enfin, n'était-il pas convenable de publier que c'était par des tarifs élevés, 50 cent. par personne pour une lieue, et par des transports considérables en marchandises, au prix de 1 fr. par tonne pour une lieue, que l'administration du rail-way de Liverpool donnait un dividende de 9 pour $\%$ à ses actionnaires?

Un long silence à l'égard des tarifs pour les voies rapides a laissé croire en France que l'on pouvait à la fois voyager vite et à bon marché sur les chemins de fer. De là l'impatience du public, et par suite, pour le gouvernement, une sorte de nécessité d'accepter les offres de quelques capitalistes empressés, qui, pour donner un exemple de locomotion à grande vitesse sur une promenade à la porte de Paris, ont peut-être compté sur l'empressement des petits capitaux à se classer à tout prix dans les entreprises des chemins de fer.

Des dépenses, plus que triples du montant de l'estimation, ayant montré un peu tard que la spéculation du rail-way de Saint-Germain ne répondait pas aux espérances, il a fallu obtenir la ligne de Versailles, rive droite, et lutter contre la ligne, rive gauche, dont le parcours est moindre d'un tiers environ, et le tracé moins difficile pour la pente et les alignemens.

Après le partage des transports dans la direction de Versailles, la nécessité d'appeler une nouvelle circulation sur le chemin-promenade de Saint-Germain, s'est fait vivement sentir une seconde fois, et l'on a entendu répéter que l'insuffisance des produits de cette ligne n'a pas peu contribué à l'arrangement financier, concernant l'entreprise du rail-way de Rouen par la vallée, qui a transformé le chemin-promenade en tête de grande ligne, quoiqu'il eût été

formellement déclaré, à l'époque de la concession,
que jamais il ne deviendrait la tige du chemin de fer
de Paris au Havre.

Maintenant, n'est-il pas probable que les deux rail-
ways de Versailles seront bientôt proposés comme
têtes d'un chemin direct sur Chartres, devant aller
plus tard jusqu'à Tours [1], à l'effet d'accroître les
transports sur les deux petits rail-ways, et d'éviter,
par ce moyen, la perte de sommes considérables en-
gagées fort imprudemment dans des spéculations sans
utilité réelle pour le pays ?

Voilà où conduisent des projets mal conçus, entrepris pour les chances du jeu, toujours au préjudice
de la société ; car chacun répugne à sacrifier des intérêts particuliers qui ont suivi pour ainsi dire l'impulsion du gouvernement. D'ailleurs nos institutions
politiques ne sont ni assez anciennes ni assez fortes
pour que le pouvoir laisse tout faire comme en Angleterre, sans s'émouvoir de la ruine d'un nombre
considérable de petits bailleurs de fonds, qui ont opéré
des placemens d'argent dans les entreprises de rail-
ways, avec autant de sécurité que s'ils eussent acheté
des inscriptions du grand-livre de la dette publique.

Par le projet de fusion entre les deux compagnies
des chemins de Versailles, la promenade de Saint-
Germain deviendrait encore la tête d'une deuxième
grande ligne, à laquelle il ne serait pas impossible
d'en ajouter une troisième : celle de Paris à Lille.

Si l'on prolonge les chemins de Versailles seulement jusqu'à Chartres, ces entreprises pourront alors

---

[1] Ces deux chemins peuvent être facilement réunis à une petite
distance de delà de Versailles.

prétendre à la garantie d'un minimum d'intérêt, par
les mêmes motifs qui ont déterminé à mettre à la
charge de l'état les mauvaises chances de la ligne
d'Orléans. Ne serait-il pas, en effet, fort embarrassant de refuser aux actionnaires des chemins de
Saint-Germain et de Versailles, devenus têtes de lignes, la faveur dont jouissent les concessionnaires
du rail-way de Corbeil ? Dans cette affaire, il est certain que le pouvoir rencontrera des intérêts habiles
à se défendre, et capables de se faire écouter.

Dès à présent le trésor public oserait-il exiger par
voie d'expropriation forcée, l'intérêt des cinq millions
qu'il a prêtés à l'entreprise du chemin de Versailles,
rive gauche ? Si l'équité s'oppose à une pareille rigueur, ne conviendrait-il pas de proposer franchement
en faveur des essais de chemins de fer à grande vitesse, une garantie d'intérêt à 2, 3 ou 4 pour % des
sommes dépensées, l'état se chargeant alors de l'a-
chèvement et de l'exploitation de ces rail-ways ? [1]

Cette mesure onéreuse, il est vrai, aurait au moins
l'avantage d'avoir un grand effet moral, en ce sens
que les pouvoirs publics ne pourraient plus être accu-
sés d'avoir consenti facilement aux mises à l'enchère
de titres ayant pour valeur première une haute sanction qui ne se compromet pas en vain, c'est-à-dire
sans dommage pour la communauté.

Au surplus, nous ferons voir dans un autre chapitre, que par un petit embranchement transversal, les
deux chemins de Versailles peuvent prendre une valeur d'utilité générale dont il serait juste de tenir

---

[1] Voir le mode d'exploitation par l'état, chapitre V.

compte, si l'on doit un jour s'occuper des chemins de
fer sous le rapport stratégique, le seul qui nous semble
de nature à commander l'établissement immédiat de
quelques grandes lignes de rail-ways, pour unir Paris
avec quelques points de nos frontières.

En résumé, la fusion des deux compagnies, rive
droite et rive gauche, si elle est autorisée, rendra
inévitable le prolongement par Chartres sur Tours,
avec garantie d'un minimum d'intérêt ; or, après cette
nouvelle concession qui aura pour objet d'enter une
longue branche improductive sur deux racines lan-
guissantes, le trésor public restera ouvert à toutes les
exigences, dites politiques, de telle sorte que le gouvernement n'ayant plus la force de refuser à bon droit
des concessions plus importantes que celle de la ligne
sur Chartres, le principe de la garantie d'intérêt peut
devenir un gouffre pour les finances de l'état.

§ II. — *Du rail-way d'Orléans.*

Le tracé d'un chemin de fer entre Paris et Orléans
est, sans contredit, celui de tous les projets qui a été
l'objet du plus grand nombre d'études et de recherches sur le terrain. Est-ce le meilleur qu'on exécute ?
Voilà ce que nous nous proposons d'examiner.

Avant de présenter l'abrégé historique des travaux
entrepris par divers ingénieurs dans le but de découvrir le tracé le plus favorable sous le rapport des
pentes et des produits, commençons par faire connaître la situation actuelle de l'entreprise.

1.   6

La difficulté évidente était de franchir, sous une pente faible, le plateau qui sépare les deux bassins de la Loire et de la Seine, en évitant les grandes coupures ou excavations, et les percemens souterrains.

Dans le tracé décrit au cahier des charges qui se trouve annexé au premier projet de loi pour la concession du rail-way d'Orléans, le maximum des pentes était fixé à 3 millièmes; mais une loi postérieure a élevé ce maximum à 5 millièmes.

Sous cette dernière condition, le tracé peut se développer dans plusieurs des vallées sèches qui descendent du plateau de la Beauce; avec la première, à 3 millimètres de pente, il était nécessaire de maintenir la ligne à côté d'un des cours d'eau descendant vers la Seine dans des vallons étroits, bordés de falaises presqu'à pic sur la majeure partie de leur étendue, et parsemés de grandes nappes de tourbières profondes et très compressibles.

Ainsi la topographie du sol pour la montée dudit plateau classait naturellement les projets en deux catégories, savoir : tracés à faibles pentes entre les tourbières et les bords escarpés d'un petit cours d'eau; tracés à fortes pentes dans les plis fréquens et très prononcés qu'on appelle vallées sèches. Pour chacune de ces catégories, trois projets ont été remis à l'administration des ponts et chaussées; celui qui a servi de base à la concession traverse la Juine dans l'un des faubourgs d'Etampes, se développe à petite distance de cette rivière, monte sur le plateau par une tranchée, et marche ensuite par une ligne droite sur Orléans.

La grande étendue de tourbières que le tracé rencontre devait être regardée comme un obstacle à
l'exécution, si l'on ne posait en principe que sous
une charge considérable, des tourbes très compressibles atteignent promptement la limite du tassement,
et qu'elles offrent alors la même résistance que les
terrains tout-à-fait solides [1].

Dans cette supposition, le tracé par la vallée de la
Juine est incontestablement le plus avantageux, quand
on met en première ligne les conditions de minimum
pour le développement en longueur et pour les pentes [2]; à ce titre, il devait donc obtenir la préférence.

Qu'on ne recherche pas dans les considérations
d'intérêt local un motif qui aurait pu faire prévaloir
ce tracé par la vallée de la Juine. Il a été approuvé et
placé au premier rang, parce qu'il satisfaisait aux conditions d'art, et qu'en 1837, les exemples qui viennent de l'autre côte de la Manche avaient fait con-
damner sans examen, en dehors du conseil des ponts
et chaussées, tout projet de grande ligne qui renfer-
merait des pentes au dessus de 3 millièmes. A cette
époque, on n'hésitait pas à proposer des tranchées
de 30 mètres de profondeur, des remblais et des viaducs à plus de 30 mètres, autant que l'exigeait la
configuration du sol, à l'effet de niveler la voie sous
l'inclinaison maximum de 3 millièmes : rien ne coû-
tait alors, parce que la pratique n'avait pas encore

---

[1] C'est là une question d'art qui doit trouver sa place dans un autre
chapitre. Aucun des ouvrages exécutés n'a encore justifié cette
hypothèse.

[2] Nous n'entendons pas dire par là que le tracé le plus court est
le plus favorable, au point de vue de l'économie publique.

propagé son enseignement, parce que l'on n'avait pas eu l'occasion d'observer assez le glissement des bancs de terre dans les grandes tranchées [1].

Ce n'est donc pas pour son importance commerciale que la ville d'Etampes jouira du bénéfice d'une communication à grande vitesse ; c'est uniquement par une convention, devenue principe d'art en 1837, qui prescrivait pour les rail-ways une pente maximum de 3 millièmes.

Mais au moment de la concession du chemin de fer d'Orléans, il s'éleva des doutes sur la possibilité de transformer, par une lourde charge de remblai, les tourbières de la Juine en terrains incompressibles ; les craintes, à ce sujet, firent introduire des changemens dans le projet de loi. On laissa la faculté au gouvernement d'approuver des modifications au tracé ; le rail-way ne fut astreint qu'à la double condition de desservir la ville d'Etampes, et de respecter le principe des faibles pentes qui dominait alors toute la question.

On sait de quelle manière le contrat s'est exécuté. L'opinion qui sait juger de l'importance des voies rapides pour la défense du pays est venue en aide à l'industrie des fers qui tomberait de langueur si on lui ôtait aujourd'hui la production des rails. Il n'est donc pas étonnant que les lignes stratégiques soient devenues des entreprises particulières, qui pèsent

---

[1] C'est particulièrement dans les travaux en excavation, en remblais et chargement du sol, qu'il importe de bien étudier les circonstances qui rendent mouvantes des masses de terrains, et entretiennent l'instabilité jusqu'à ce que la première cause du mouvement ait disparu.

sur l'industrie, en même temps qu'elles entravent le développement d'un plan conçu largement sous la haute influence de l'intérêt général.

C'est une gêne pour les grands capitaux engagés dans les exploitations du minerai de fer, d'avoir à concourir aux avances des entreprises de rail-ways, d'avoir à solliciter la construction de quelques bouts de lignes sans liaison avec un réseau complet ; enfin d'entrevoir un mauvais avenir à douze ou quinze mois devant soi, si des circonstances imprévues forçaient d'interrompre les travaux de chemins de fer.

De là vient la nécessité des épargnes dans les entreprises appelées concessions de travaux publics, et qui seraient plus justement désignées sous le titre de secours à l'industrie.

Par la nécessité de réduire le montant de ses avances, la compagnie du chemin de fer d'Orléans a dû renoncer à l'exécution d'un nouveau tracé par la Juine, sous la pente de 0m0,0035 millièmes qui n'*abordait* pas les parties profondes des tourbières, comme celui à 3 millièmes dont l'itinéraire est joint à l'acte de concession. Un excédant de 2 millions dans les devis estimatifs a fait renoncer définitivement au *grand principe* des faibles pentes ; le tracé passera dans la vallée sèche de l'Hémery, sous une inclinaison qui ne sera pas de 5, mais de 8 et peut-être de 12 millimètres, pour racheter une hauteur de 50 mètres.

Quoique l'administration ait refusé de sanctionner le tracé sous l'inclinaison à 8 millièmes, sans avoir au préalable obtenu l'autorisation des chambres législatives, voici quel sera l'obstacle à l'établissement d'une moindre pente.

Une longue coupure, qui n'aurait pas moins de 18 mètres de profondeur sur une grande étendue, est un ouvrage indispensable dans l'hypothèse d'une inclinaison à 5 millimètres, pour le passage dans la vallée de l'Hémery : or, il est fort douteux que la nature des terrains à traverser se prête à une pareille solution de continuité.

Il n'est pas possible que l'on ait oublié l'accident survenu dans une coupure de 8 à 9 mètres seulement de profondeur, sur le premier tracé de Corbeil. Par l'effet d'une confiance qui marche, pour ainsi dire, sans prendre conseil, une somme de 8 à 900,000 fr. a été totalement perdue, lorsqu'il a fallu abandonner cette coupure et se hâter d'ouvrir une seconde voie, presque sans marchander pour la valeur des nouveaux terrains à occuper, en présence d'un capital de 12 à 14 millions devenu improductif jusqu'à l'achèvement du rail-way.

Cependant l'expérience acquise dans plusieurs localités [1], recommandait de procéder d'abord à la vérification des couches par des puits de sondage suffisamment rapprochés. En voulant épargner une petite dépense pour ces puits, la compagnie n'a pas fait preuve de savoir en bonne administration. Elle pouvait, elle devait se montrer prévoyante, alors surtout que des accidens graves sur un rail-way voisin venaient de lui enseigner combien il faut se défier des

---

[1] Notamment par la coupure de Glomel, sur le canal de Nantes à Brest.

solutions de continuité, annoncées par les couches minces d'argile qui traversent le sol [1].

[1] Le bouleversement opéré dans une étendue de plus de 3 hectares, sur le coteau qui domine la coupure pratiquée pour le rail-way à Ablon, indique à chaque pas l'action d'un mouvement analogue à celui de l'onde appelée barre, mascaret, etc., et qui se manifeste au premier instant du flot à l'embouchure de quelques unes des rivières où il y a flux et reflux de la mer. C'est comme un effet de *tremblement*, suivi de petites oscillations dont le travail s'est continué jusqu'à ce que la cause du mouvement ait disparu.

Quelques réflexions à ce sujet montreront l'intérêt qui s'attache à l'étude des phénomènes concernant la disjonction des bancs de matière, par des couches d'argile.

Il ne s'agit pas d'entrer au fond de la science géologique. Nous voulons simplement faire entrevoir la possibilité de découvrir la cause des tremblemens qui agitent quelquefois la surface de la terre, des *soulèvemens* extraordinaires que l'on remarque de temps à autre, et des courans de laves terreuses qui ont submergé presque instantanément des populations tout entières.

Commençons par faire remarquer que l'effet ondulatoire, sur le coteau d'Ablon, n'a pas suivi immédiatement le travail d'excavation qui a ouvert la tranchée pour l'assiette du rail-way. Il s'est écoulé un certain temps pour la préparation des causes du mouvement.

A cet égard, on ne repoussera pas l'idée qu'il s'est opéré, dans ces terrains, un effet pareil à celui que l'on observe dans ceux dits de fondrières.

Pendant la sécheresse, ces derniers ont assez de résistance pour supporter le passage des voitures ; mais après quelques jours de pluie abondante, l'argile, en se détrempant, s'amollit au point de participer en quelque sorte à la propriété des liquides.

On observe alors que l'argile augmente de volume, et qu'il s'en échappe des suintemens d'eau qui fournissent quelquefois un filet continu. On sait de plus que ces sources s'éteignent facilement; qu'il suffit pour cela de les soustraire à l'action directe de l'air atmosphérique, par une couche de pierres et de graviers terreux.

Dans la coupure du coteau d'Ablon, les couches d'argile mises à nu ont reçu l'impression de l'air, et ce gaz a pu s'infiltrer dans les interstices, entre les couches d'argile et les bancs intermédiares. Il y a eu un travail préalable, pour ainsi dire, comme dans la fermentation, et, arrivé à son terme, une cause accidentelle a déterminé une espèce d'explosion souterraine.

Ce premier travail consiste très probablement dans la formation d'une nappe d'eau mince au dessous des couches argileuses, l'eau

Avant de présenter comme praticable la tranchée de 18 mètres dans la vallée sèche de l'Hémery, la même compagnie qui a déjà dépensé 900,000 francs en rectification de mauvais travaux, a-t-elle fait ouvrir des puits de sondage sur le terrain que doit occuper le tracé à 5 millimètres de pente; s'est elle mise en mesure de constater que des couches d'argile ne seront pas un obstacle à la coupure projetée? Au fait, à quoi bon?

prenant la place des particules de terre entrainées dans les filets liquides qui suintent sur les faces découvertes.

Maintenant, si par une circonstance facile à concevoir, un corpuscule vient à fermer accidentellement, à 5 mètres au moins au dessous du sol extérieur, un petit conduit liquide qui se prolonge sans interruption sur une étendue capable de fournir 10 mètres en différence de niveau, aussitôt que le corpuscule débouchera cette petite veine fluide, la colonne, ébranlée sur cette hauteur d'au moins 10 mètres, doit produire une commotion, un coup de bélier qui se propagera sur toute la nappe d'eau souterraine, et développera l'effet qui a été décrit pour le bélier atmosphérique dans l'article précédent. L'argile devenue presque liquide soulèvera les couches de terrain, comme l'eau dans le conduit horizontal du bélier soulève la valve posée à son extrémité; l'argile détrempée poussera les corps solides dans tous les sens et se répandra en rompant les barrières qui n'auront pas la force d'intercepter le mouvement oscillatoire des colonnes terreuses. En un mot, les dépressions et gonflemens seront proportionnés aux épaisseurs des couches d'argile placées dans le voisinage de ces effets.

Que l'on examine les ondulations du sol sur le coteau adjacent à la coupure d'Ablon, et l'on verra qu'effectivement les épaisseurs des couches d'argile marquent à peu près l'amplitude des oscillations.

Au surplus, on peut vérifier ce résultat avec certitude dans les dépressions profondes qui se sont opérées lentement après la commotion générale du sol. Il est impossible, en effet, d'admettre que ces enfoncemens de 7 à 8 mètres de profondeur, aient pu se faire d'une autre manière que par la transfiltration progressive des argiles détrempées qui se trouvaient au-dessous.

Ce dernier travail n'exige pas, comme le premier, une oscillation à grande amplitude. Il suffit que des écoulemens s'opèrent à petite vitesse, comme dans le bélier atmosphérique, comme dans toutes

La compagnie se hâte de faire exécuter les fouilles et terrassemens en deçà et au delà de la tranchée de de l'Hémery; ensuite elle demandera au gouvernement s'il prétend imposer aux concessionnaires les risques d'une excavation à 18 mètres de profondeur, en ne manquant pas de faire observer que le trésor public est engagé pour le paiement des excédans de dépenses.

Ainsi posée, la question est évidemment résolue; la compagnie doit recevoir l'autorisation d'ouvrir la tranchée à 8 millièmes de pente, dans la vallée de l'Hémery; à l'effet de réduire de 2 à 3 millions, peut-être plus, les travaux d'une coupure rendue indispensable par les travaux *déjà exécutés dans le prolongement*.

En conséquence, nous pouvons parler avec une

---

les machines hydrauliques à colonne oscillante, pour que la commotion se propage dans l'étendue réduite de la nappe d'eau souterraine, qui n'occupe plus que les massifs de terre argileuse non entièrement détrempée. Seulement la force dominante, pour les oscillations des masses d'argile est dirigée de bas en haut, tandis que pour l'eau cette force a une direction inverse.

Une chose digne de remarque, c'est que les dépressions lentes, dans l'emplacement des couches argileuses susceptibles de se détremper, sur le coteau d'Ablon, ont entraîné le sol sous une figure conique.

Or, le même effet d'un creusement conique s'observe par le déplacement des particules d'alliage fusible, comme nous l'avons fait voir dans le troisième article de l'Introduction. De cette analogie n'y aurait-il pas lieu d'inférer, que l'eau combinée avec l'argile agirait sous le même principe que le fluide de la polarisation dans l'alliage fusible ?

Nous posons cette question en passant, uniquement dans le dessein de faire voir que toutes les propriétés de l'eau pourraient bien ne pas être connues, et que son rôle, comme force, pourrait s'étendre depuis l'affinité chimique jusqu'aux plus grands mouvemens, depuis les oscillations de l'aiguille aimantée jusqu'aux effets de la pesanteur.

entière certitude des résultats du tracé à 8 millièmes
de pente par la vallée de l'Hémery, et les comparer
avec ceux qui auraient été obtenus, en adoptant une
autre direction, dans l'hypothèse d'un maximum de
8 millièmes pour les pentes.

Etablissons d'abord le parallèle entre la direction
qui s'exécute, et un projet de tracé pour Orléans par
Versailles, lequel fut écarté en 1835, par la raison
qu'il présentait un parcours à 8 millièmes, et que la
circulation serait certainement *très dangereuse*, par
locomotives, sous une pente aussi forte. La crainte
du danger ayant disparu, peut-être à l'aide de quelques formules qu'il sera utile de rectifier, le tracé par
Versailles deviendrait à présent le meilleur possible,
si celui par Etampes n'était pas entrepris ; attendu
que les deux compagnies, rive gauche et rive droite,
trouveraient dans ce projet un avantage de plus que
dans celui qu'elles proposent aujourd'hui, et qui passe
directement à Chartres.

En se dirigeant de Versailles sur Orléans, on ne
s'écarte pas assez de Chartres pour qu'un embranchement sur cette ville ne fût pas une chose heureuse, tout-à-fait désirable pour les divers arrondisse-
mens de la Beauce, qui sont privés des bienfaits de
la navigation intérieure.

Le chemin d'Orléans, alongé seulement de 7 à 8
kilomètres par cette direction, aurait eu alors, pour
entrée dans Paris, les rail-ways de Versailles ; or la
dépense pour le prolongement de ces deux lignes
jusqu'à Orléans et Chartres serait moindre que les
frais d'établissement du tracé plus direct par Etampes ; les pentes ne s'élèveraient pas à plus de 5 milliè-

mes, parce que de nouvelles études ont appris qu'il était possible d'éviter la pente à 8 millièmes ; tout se réunirait donc en faveur d'un projet dont une faible partie est sollicitée pour faire revivre un capital endormi, qui dépasse 30 millions. Quel dommage, dira-t-on, que le rail-way par Etampes ait été sitôt entrepris !

Passons maintenant à un autre parallèle.

Au nombre des projets étudiés pour la direction de Paris à Orléans était le tracé par Corbeil et la vallée de l'Essonne.

Dans les commissions d'enquête pour le *commodo* et l'*incommodo*, ce tracé est celui qui recueillit le plus de suffrages. Une faible pente sur toute son étendue, et l'espoir d'un accroissement de valeur pour les nombreuses usines établies sur l'Essonne, avaient groupé les vœux pour la réussite de ce projet ; mais, chose remarquable, la ville d'Etampes parut indifférente au débat ; le voisinage d'un rail-way ne fut pas sollicité par ses commerçans ; ils auraient même agi en sens opposé, si le chemin de fer se fût embranché avec une direction sur Chartres, par la raison qu'il y a concurrence entre ces deux villes pour le commerce des farines. Une grande étendue de tourbières, traversées par cette ligne, fut l'un des principaux motifs qui la firent écarter en 1835, après une mûre délibération du conseil des ponts et chaussées.

Cependant, si l'on eût prévu, en 1839, que le rail-way par Etampes s'exécuterait avec une pente à 8 millièmes après l'achèvement du rail-way de Corbeil, l'intérêt du pays n'eût-il pas conseillé alors que l'on prolongeât cette ligne de Corbeil dans la vallée de l'Essonne, jusqu'à l'embouchure de la Juine, pour la diriger ensuite par La Ferté-Aleps et les vallées sèches jusqu'à Orléans, en franchissant la chute du plateau de la Beauce au moyen d'un plan incliné à 8 millièmes, comme celui qui sera pratiqué à la sortie d'Etampes ? Il en serait résulté un détour, il est vrai, mais on aurait évité la montée du plateau de Leudeville, qui exigera une grande coupure et ralentira la vitesse des locomotives.

A partir de Corbeil, la ligne d'Orléans par La Ferté-Aleps eût économisé près de 10 millions sur les frais d'établissement du tracé par Etampes ; elle eût épargné en outre une somme d'au moins 300,000 fr. par an sur les frais d'exploitation, y compris l'embranchement actuel sur Corbeil, et cela, sans rien retrancher au chiffre du produit brut[1]. C'est donc 16 millions environ qui seront employés pour donner à la petite ville d'Etampes, qui ne l'a point sollicité, l'avantage d'une communication directe, par chemin de fer, entre Paris et Orléans[2].

Tout cela est dû, il faut en convenir, à la facilité que le gouvernement a cru devoir accorder aux concessionnaires, dont l'intérêt évident était de résilier le contrat, si leur administration ne conservait pas un pouvoir à peu près absolu.

Une seule considération, la possibilité d'ouvrir un embranchement sur Chartres, devait déterminer le

---

[1] Voir le chapitre des frais d'exploitation.

[2] Un embranchement pour rejoindre le chemin par La Ferté-Aleps avec Etampes n'aurait pas coûté 4 millions.

passage direct par Etampes du chemin de fer d'Orléans. C'était, on le reconnaîtra plus tard, la seule
manière de poser la question sous le rapport économique. Il ne s'agit pas à présent de démontrer, ce qui
serait très facile, que l'on peut arriver sur le plateau
de la Beauce par les vallées de l'Alouette et de la Chalouette, sous une pente maximun de 3 millièmes, en
un point qui permettrait de diriger à peu de frais un
embranchement sur Chartres. La ligne actuelle devant être exécutée avec l'inclinaison de 8 millièmes
au moins, dans la vallée de l'Hemery, c'est toujours
sous cette nouvelle condition qu'il faut établir le parallèle. Or, en suivant la vallée de la Chalouette et
de l'Alouette, à la sortie d'Etampes, pour arriver ensuite au seuil de la Beauce par une pente de 8 millièmes, le tracé n'eût pas coûté davantage que par
l'Hémery ; et plus tard on aurait eu la possibilité de
mettre la ville de Chartres en rapport avec Orléans et
Paris, au moyen d'un embranchement de 9 lieues de
longueur établi sur un terrain presque partout de niveau [1].

Au surplus, la compagnie a profité de l'une des principales dispositions de ce troisième tracé, qui avait
pour objet d'établir ultérieurement une communication rapide entre Paris et Chartres par Etampes.

L'itinéraire, joint au cahier des charges de la concession, faisait descendre le chemin depuis Lardy
jusqu'au faubourg d'Etampes, pour traverser, *à gauche de la ville sur un remblai de 7 à 8 mètres d'élévation,
le terrain de Tourbière* où se trouvait la gare de sta-

[1] Voir la carte générale des lignes stratégiques.

tionnement. Le tracé, par les vallées de l'Alouette et de la Chalouette, se développe de niveau à partir de Lardy sur une étendue de 3 lieues, et se relève de 6 à 7 mètres pour placer la gare de stationnement *à droite d'Etampes*, dans une promenade qui longe la ville à une hauteur d'environ 28 à 30 mètres au dessus du cours de la Juine.

Cette direction à la droite d'Etampes est la partie importante, et comme la clef du projet de rail-way par la Chalouette. En voici la preuve :

Par l'itinéraire joint à la loi de concession, la hauteur à racheter, après avoir dépassé Etampes, était de 60 mètres; par la direction empruntée au tracé dans la Chalouette, cette hauteur est réduite à 48 mètres : or, une profondeur de 12 mètres en plus pour la tranchée de l'Hémery rendrait le passage tout-à-fait impraticable.

En prolongeant cette direction à droite d'Etampes, sur les coteaux de la Chalouette, pour rendre facile l'embranchement sur Chartres, la compagnie d'Orléans aurait écarté la concurrence d'un rail-way direct sur Chartres et Tours, qui, tôt ou tard, lui enlèvera une partie notable de ses recettes. Mais il n'y a eu que de l'hésitation dans la conduite de cette entreprise, et aujourd'hui que la compagnie semble vouloir l'établissement d'une rampe à 8 millièmes, qui serait pratiquée par les locomotives; au fond il est probable qu'elle désire, qu'elle espère obtenir l'autorisation d'établir deux plans à câbles pour racheter la majeure partie de la différence de niveau entre la gare à Etampes et le sommet du rail-way. Au reste c'est l'unique moyen de réparer beaucoup de fautes commises dans le tracé de ce chemin de fer [1].

[1] Nous reviendrons, un peu plus loin, sur cette question des plans à câbles que nous nous proposons de traiter sous le double point de vue de la sécurité des voyageurs et de l'économie dans le transport des marchandises, après que nous aurons établi plusieurs données essentielles à la comparaison entre les deux modes de remorquage par locomotives ou par machines fixes sur des pentes au dessus de 5 millièmes.

CHAPITRE IV.

DE LA PARTICIPATION DU GOUVERNEMENT DANS LES ENTRE-PRISES DES CHEMINS DE FER.

L'établissement des chemins de fer destinés à un service public, ou même à un service particulier, comme celui des exploitations de mines, exige toujours l'intervention du gouvernement, ne fût-ce que pour régler les conditions de la traversée des routes ordinaires de grande et de petite communication. Mais il s'agit moins ici de l'autorisation qui se rattache aux enquêtes *de commodo et incommodo*, que de la participation financière de l'état dans l'exécution des rail-ways.

Lorsque les soumissionnaires ne réclament aucun secours du trésor public, il paraît rationnel que le gouvernement ne réserve en faveur du public que la libre concurrence pour les lignes parallèles, comme cela se pratique aujourd'hui en Angleterre. Mais après l'expérience des rail-ways ainsi entrepris, il est peu probable qu'il y ait de nouvelles demandes en concession aux risques et périls des soumissionnaires, à moins qu'il ne survienne de grandes améliorations dans l'effet utile des locomotives. Tous les concessionnaires refuseront d'engager des capitaux autrement que sous la garantie d'un minimum d'intérêt.

Aucune des banques particulières de l'Europe n'étant constituée sur des bases assez larges pour ga-

rantir l'intérêt des fonds à employer dans des entreprises dont les dépenses premières se comptent par
dizaines de millions, le trésor public est la seule caisse
qui puisse inspirer aujourd'hui de la confiance aux
actionnaires ; c'est-à-dire que dans le cas d'une concession, le pouvoir devrait se rendre garant de la
gestion des compagnies, toutes les fois qu'elles n'ac-
cepteraient pas de traité à forfait.

Il s'est trouvé en France une famille assez puissante pour se lier par un forfait de 40 millions avec
les souscripteurs d'une grande entreprise de rail-way ;
mais peut-on rencontrer une seconde fois des dispositions de la même nature et des circonstances analogues
à celles qui ont amené l'arrangement relatif à l'exécution du chemin de fer de Strasbourg à Bâle ? Encore
a-t-il fallu, pour assurer l'achèvement de ce rail-way,
que le gouvernement se chargeât des risques et des
mauvaises chances de l'exploitation, en garantissant
aux actionnaires le service des intérêts à 4 pour %,
avant de rien exiger pour la somme prêtée par le trésor.
Il est vrai qu'il y a une limite pour cette responsabilité, et que les actionnaires ne pourront jamais se partager que le produit net de l'exploitation, quand elle ne
fournira pas l'intérêt à 4 des capitaux particuliers. En
un mot, l'on sait que le sacrifice du gouvernement
n'excèdera pas 14 millions, pour un rail-way de 30
lieues de longueur, placé assurément dans des conditions moins favorables que les chemins de fer qui
partiront de Paris.

La compagnie d'Orléans, plus heureuse que la
précédente, se trouve actuellement dotée d'un plus
grand avantage, qui ne s'explique que par la confiance

du pouvoir dans la réussite financière de l'entreprise. L'état s'est engagé à compléter durant 46 ans l'intérêt à 4 pour % de toutes les dépenses de premier établissement du rail-way d'Orléans, jusqu'à la limite de 1,600,000 fr., dans le cas d'insuffisance des produits nets de l'exploitation.

Ainsi, à supposer que les dépenses absorbent ces produits pendant 46 ans, le gouvernement aurait alloué en définitive à la compagnie une subvention de 40 millions, soit 26 millions de plus que pour le chemin de même longueur parallèle au Rhin. Dans la persuasion que le montant des recettes couvrira l'intérêt à 4, en sus des frais d'exploitation, il n'a été fixé aucune limite à la dépense de construction du rail-way d'Orléans : travaux, marchés, fournitures, tout se fera sans le concours de l'administration, et cependant le trésor public doit compléter l'intérêt à 4 pour % jusqu'à concurrence de 1,600,000 fr.

Que l'on se représente la plus rigoureuse inspection exercée sur les dépenses administratives, et d'autre part l'abandon complet des droits de contrôle pour d'autres dépenses imputables au budget; que l'on interroge ensuite les députés qui ont désapprouvé ce mode de garantie, et l'on verra s'ils consentiront à garder le silence au moment où il faudrait exécuter des versemens par le trésor en faveur dudit rail-way. Il serait certainement fort difficile de tempérer les observations d'une juste critique qui pourraient s'étendre jusqu'aux plus légers abus.

Des administrateurs dont la gestion sans contrôle échapperait sur tous les points à des insinuations habilement dirigées seraient des-personnages bien accomplis, à en juger par le peu de confiance que l'on accorde aux plus hauts fonctionnaires publics.

D'ailleurs, s'il arrive que les produits nets soient insuffisans pour le chemin d'Orléans, les administrateurs acquerront bientôt un pouvoir absolu. Les actionnaires n'auront aucun intérêt à s'enquérir de la gestion; conséquemment, à défaut d'abus, il y aura une ample latitude pour en supposer. Dès à présent ne trouverait-on pas un texte pour le blâme, si l'on pouvait dire que les rails, les chairs, les supports, etc. du rail-way d'Orléans, sont fournis à des prix amiables, au refus de toute concurrence? Et n'oserait-on pas alors prononcer que les concessions sans responsabilité, pour les compagnies, ont tout le caractère des faveurs réservées aux parens et aux amis de ceux qui prennent part au gouvernement du pays?

Au surplus, le mode de subvention avec garantie d'un minimum d'intérêt est déjà condamné par l'expérience. Les grands et les petits capitalistes ne voient aujourd'hui dans l'entreprise du chemin d'Orléans qu'un nouveau moyen de placement analogue à celui de la dette inscrite. Les actions suivent à peu près le cours des effets publics, on ne fait aucun cas des espérances de bénéfices; il est même assez probable que beaucoup des premiers souscripteurs éprouveront des pertes d'argent, par la nécessité de vendre des actions au dessous du pair. Ainsi la même compagnie aura essuyé successivement deux fâcheuses expériences dans l'espoir de faire une bonne spéculation; et le gouvernement, dans le but d'être favorable à l'industrie des chemins de fer, sera deux fois sorti des

règles administratives, sans avoir obtenu d'autre
résultat pour le public qu'un plus profond découra-
gement et une extrême répugnance pour ces entreprises.

En Angleterre, le succès des administrateurs pour
l'établissement et l'exploitation des rail-ways tient au
pouvoir dont ils sont investis; ils ont effectivement le
droit de choisir tout le personnel des agens, entre
lesquels ils partagent les diverses fonctions d'entrepreneurs et de surveillans.

Si le droit d'agir sans contrôle embarrassant est
la première cause de succès d'une grande construction, ce serait taxer l'administration de partialité ou
d'ignorance que de lui refuser le droit de choisir un
ingénieur habile, un administrateur renommé, pour
leur confier la direction d'une grande ligne de rail-
way. Vouloir recourir pour ce choix à l'intervention
des capitalistes, qui n'auront généralement à espérer
que la plus-value sur les ventes d'actions, ou que des
honoraires pour les emplois d'administrateurs, c'est
payer trop cher un service qui s'obtiendrait facilement
en accordant aux plus capables une large part dans
l'administration des affaires publiques.

En Belgique, le gouvernement a pensé qu'il en
devait être de la direction d'un chemin de fer comme
de la conduite d'une armée en campagne; qu'il fallait
accorder beaucoup de pouvoir aux hommes éminens
qui ne reculent pas devant une haute responsabilité.
Aussi les ingénieurs appelés à diriger les travaux du
chemin belge ont-ils reçu l'autorisation de traiter
directement avec des entrepreneurs de leur choix
pour les travaux d'*art* et de *terrasses*; ils ont pu mo-

difier les tracés, régler la vitesse des trains, les heures de départ, le nombre des convois par jour, etc.; en un mot faire tout ce qui dépendait d'eux pour que le système complet du rail-way pût fonctionner dans les meilleures conditions d'utilité.

Le bon usage du plein pouvoir se révélant dans les détails aussi bien que dans l'ensemble de l'entreprise, l'ingénieur qui n'écoute que son devoir n'aurait rien à craindre des attaques dirigées contre une gestion à découvert, qui appelle bien plus qu'elle ne fuit les enseignemens provenant de la critique.

Il est presque inutile de dire que cette confiance absolue de la part d'un gouvernement ne pourrait descendre sans de graves inconvéniens jusqu'aux petits travaux d'entretien des routes et des canaux ; on trouverait même très difficilement des ingénieurs qui consentiraient dans ce cas à la suppression des adjudications publiques. L'usage du plein pouvoir n'est applicable qu'aux entreprises dont l'importance attire incessamment l'attention générale.

Maintenant que nous regardons comme suffisamment démontré que dans l'état actuel de l'industrie et de l'esprit d'association, la garantie d'un minimum d'intérêt est contraire à la réussite financière des entreprises de rail-way, en ce sens qu'elles coûteraient plus que par tout autre mode de subvention, il nous reste à examiner les effets du prêt par le trésor.

On peut facilement concevoir que vers la fin d'une entreprise, des circonstances imprévues obligent les concessionnaires d'un rail-way à solliciter un secours du gouvernement. Mais que l'on s'assure d'un prêt égal au tiers du montant d'une entreprise comme celle du rail-way de Rouen, alors qu'elle n'est pas encore commencée, et que l'on ne sait pas même si les souscriptions se réaliseront, c'est démontrer au public qu'il y a manque absolu de confiance dans le succès financier de l'opération.

Sans doute le prêt à raison de 3 pour % appelle des actionnaires qui n'apporteraient pas leurs fonds s'ils ne croyaient pas en retirer au moins 5 ¹/₂ à 6. La différence entre les taux de 3 et de 5, sur une somme de 14 millions allouée à l'entreprise du chemin de Rouen, étant de 280,000 fr. par an, tant que n'aura pas commencé le remboursement, c'est une prime d'environ 1 pour % que l'état garantit aux souscripteurs. Mais ce n'est pas ici le seul résultat que les concessionnaires peuvent se promettre du prêt par le trésor public : une entreprise qui a le tiers de son capital placé en dehors des fluctuations du jeu, procure beaucoup plus de ressources à la spéculation *sur les différences*, que lorsque toutes les actions sont disponibles.

Du reste, il existe un antécédent qui laisse peu de doutes à cet égard. N'est-ce pas à l'influence du prêt de 6 millions par le trésor, que l'entreprise d'Alais, appelée la Grande-Combe, a dû l'énorme plus-value de ses actions ? Long-temps elles se sont soutenues au dessus de 1,800 fr., quoique leur valeur nominale fût de 1,000 fr., et que sur cette valeur il y eût à prélever la part des actions *bénéficiaires* ou *gratuites*.

Ce qu'il faut encore faire remarquer, c'est que, dans l'hypothèse que la somme de 6 millions eût été prêtée sur hypothèque, par des capitalistes, à la compagnie concessionnaire, elle n'aurait pas réalisé aussi facilement un nouvel emprunt.

En réfléchissant aux ressources que la spéculation peut tirer du prêt, on peut s'étonner de la confiance des premiers souscripteurs. Que dans la prévision plus ou moins fondée de forts dividendes qui restent en expectative, et sur la confiance que le gage offert aux prêteurs a une valeur estimative plus considérable que la somme demandée, l'on vienne à dépasser, sans le vouloir, l'unique représentation du gage, c'est-à-dire le revenu net, alors les porteurs d'actions perdront à la fois leur capital et de belles espérances.

A la vérité, quand un grand nombre d'actionnaires devront prélever sur la faible valeur de titres en discrédit, le montant d'un remboursement à faire au trésor public, on espère que le gouvernement reculera toujours devant l'obligation d'anéantir complètement ces titres; en d'autres termes les conditions du prêt resteront comme inexécutables.

Il y a donc réellement deux mauvais résultats à craindre pour le prêt par le trésor public : l'un de favoriser la spéculation qui tend à donner momentanément une valeur exagérée aux titres des actionnaires; l'autre de retarder seulement la perte de leur capital, si l'état ne se détermine pas à leur faire un large cadeau par l'abandon de ses droits.

Exposons à présent le mode qui nous paraîtrait éviter tous les inconvéniens dont nous venons de parler, en même temps qu'il stimulerait l'activité intelligente que l'on voit presque toujours se développer et grandir en proportion de la responsabilité qu'on lui impose.

CHAPITRE V.

DE LA CONSTRUCTION DES GRANDES LIGNES DE CHEMINS DE
FER AU COMPTE DE L'ÉTAT, ET DE LEUR EXPLOITATION A
FORFAIT.

—

L'établissement des rail-ways à grande vitesse ne
nous paraissant un besoin essentiel du commerce,
que quand l'état prospère du pays permet à chacun
de payer les avantages qu'il en doit retirer, c'est-à-
dire quand on ne demande, comme en Angleterre,
qu'une autorisation pour les exécuter aux frais et
risques des particuliers, nous ne pouvons considérer
ces entreprises, en ce qui concerne l'intervention du
trésor public, que dans le cas où elles présenteraient
un grand intérêt stratégique.

Au moyen d'un emprunt, dont le capital correspondrait à l'économie calculée sur la réduction de
20,000 hommes, soit 15 millions par an, et le gouvernement se chargeant de fournir tout le capital
qu'exigerait l'établissement de 400 lieues de rail-ways
dans les directions de Lille, Strasbourg, Lyon et Marseille, à partir de Paris ; il ne serait pas impossible de
démontrer que le sacrifice annuel de 15 millions,
procurerait au département de la guerre une ressource équivalente à plus de 50,000 hommes dans
toutes les circonstances imaginables.

Or, il n'est pas indifférent au contribuable, que
l'on emploie une partie du budjet à rendre plus rapide la mobilisation d'une armée, devenue moins

nombreuse, mais qui ne perdrait rien de sa force pour défendre les frontières. Le soldat, sous les drapeaux, ne coûte pas à l'état uniquement pour sa dépense personnelle; il fait perdre à la société tout le travail utile qu'il serait capable de produire. En portant tout au plus bas prix, il n'est pas un homme, dans l'âge de 20 à 30 ans, qui ne puisse fournir pour 500 fr. de travail par an; soit, pour 20,000 hommes 10 millions.

Il faudrait encore tenir compte des services rendus au commerce, services assez bien appréciés pour que chacun désire vivement l'exécution des chemins de fer, au prix de quelques sacrifices imposés aux départemens qui en recueilleraient les avantages.

Si l'on persistait à faire une objection de l'insuffisance du matériel affecté au service ordinaire des rail-ways, et que l'on vit une grande difficulté pour l'entretien de celui qui serait spécialement destiné au département de la guerre, on prouverait facilement que, par la réunion des locomotives non occupées, ou tenues en réserve pour chacun des 6 ou 7 chemins de fer qui auraient leur station principale à Paris, on pourrait transporter dans un même convoi un corps de 15 à 20,000 hommes, avec tout son attirail de campagne. Il n'y a d'autre condition à remplir, pour disposer immédiatement de ces locomotives, que de relier ensemble tous les chemins de fer.

Ce ne sont pas, dit-on généralement, les capitaux qui manquent en France, c'est la confiance dans le placement. A la certitude de ne pas perdre le fruit de ses épargnes, le petit capitaliste voudrait ajouter la facilité du remboursement, ainsi que cela se pratique aux caisses d'épargne. Or, en divisant les souscriptions par actions de 100 fr., qui rapporteraient $1/4$ pour 100 d'intérêt de plus que le taux de la caisse d'épargne, on créerait une espèce de papier-monnaie qui n'exigerait pas de la part du détenteur une démarche au bureau de cette caisse. Il trouverait à échanger une action contre des valeurs en argent, de la même manière que s'il était porteur d'un billet de la Banque de France. Lorsqu'il serait embarrassé pour l'échange d'un titre d'actions, il aurait toujours la ressource des bureaux des caisses d'épargne, en remplissant les formalités prescrites pour les remboursemens en numéraire.

On pourrait même, aux époques de crise financière, n'effectuer l'échange aux caisses d'épargne que quinze jours après la demande du remboursement, et à raison de 100 francs pour une personne, quel que fût le nombre d'actions entre ses mains. Ainsi, le propriétaire de dix actions devrait attendre cinq mois avant d'avoir obtenu le remboursement complet, à moins qu'il ne fît usage du moyen dangereux de confier une partie de ses titres à des individus chargés d'en percevoir le montant sous leur nom propre.

La création des petites actions de 100 francs, soit à l'aide des caisses d'épargne, soit par un autre moyen qui en rendrait praticable le remboursement au moins jusqu'à concurrence d'un cinquième du capital versé, attirerait infailliblement de grandes sommes au trésor, et permettrait d'entreprendre, sans nul embarras, des travaux publics pour plus de 50 millions par

an, pourvu que l'émission des billets sur les entreprises de rail-way, restât toujours inférieure au montant des produits nets perçus sur ces nouvelles voies.

Ce n'est pas assez d'assurer l'apport d'un grand
capital, il faut encore savoir l'employer le plus avantageusement possible dans l'intérêt commun, qui ne
fait acception d'aucune des habitudes et pratiques
antérieures, relativement au personnel qui aura la
direction des travaux.

Nous séparerons ici cette direction en deux parties
distinctes : la construction dite premier établissement,
en second lieu l'exploitation. L'exécution rapide
d'une grande entreprise ne pouvant se comparer à
des travaux ordinaires de routes et de ponts, le mode
administratif par lequel on peut régir ces derniers
ne conviendrait nullement pour la direction d'un
rail-way.

Il est même prouvé aujourd'hui, par un grand
nombre d'exemples, qu'un parfait accord entre la capacité d'un ingénieur et la probité confiante d'un entrepreneur est la première condition de succès dans
une entreprise ordinaire, dès qu'elle laisse une grave
responsabilité à l'auteur du projet. Aussi nous regardons comme inapplicable l'emploi de toutes les
formes administratives dans l'exécution des chemins
de fer. Nous irions volontiers jusqu'à dire qu'un ingénieur directeur qui consentirait à se départir du
principe qu'il doit choisir et révoquer les surveillans
employés sous ses ordres, ne devrait inspirer que
très peu de confiance.

Les chances de bonne réussite consistent donc
dans le choix du directeur des ouvrages, en ce qui

touche l'exécution; car l'étude du projet est une question à part, qui appelle l'examen du plus grand nombre, et même la publicité avant tout commencement d'exécution. Un directeur qui serait à la fois ingénieur et administrateur réussirait toujours mieux seul que s'il était obligé de partager cette double fonction. Avec la responsabilité de l'intérêt privé, il y aurait donc à espérer de bons résultats des traités à forfait, passés avec des compagnies qui consentiraient à intéresser l'ingénieur directeur pour une large part dans l'entreprise d'une étendue de 15 à 20 lieues de rail-ways.

Dans le cas où il ne se présenterait pas de compagnies pour faire des offres relatives à des subdivisions de 15 lieues, rien n'empêcherait de séparer les diverses natures d'ouvrages, en réservant toujours l'établissement de la voie à l'entrepreneur qui se chargerait de la fourniture du matériel et de la première mise en exploitation. Enfin, à défaut de soumissionnaires, le gouvernement ferait exécuter les travaux sous la direction immédiate des ingénieurs des ponts et chaussées.

Les devis relatifs à ces ouvrages ne comporteraient qu'un très petit nombre de conditions : quelques articles suffiraient pour ce qui concerne la voie. Des modèles pour chacune des pièces serviraient à bien faire connaître les obligations des entrepreneurs, et, quant aux constructions des viaducs et percemens, on indiquerait simplement qu'ils seraient faits en maçonnerie de moellon, et que leur entretien resterait pendant dix ans à la charge des constructeurs.

La même condition s'appliquerait aux travaux des

fouilles et des remblais, afin de laisser aux entrepreneurs la faculté de diminuer les mouvemens de terre par des maçonneries.

Mais en cas de contestation, qui réglerait les différens? Ce serait une commission spéciale dans laquelle entrerait en nombre égal, des pairs, des députés et des ingénieurs des ponts et chaussées. Elle pourrait être renouvelée tous les trois ans, et ses fonctions seraient celles d'un jury prononçant en dernier ressort.

Quant à l'exploitation d'un rail-way, rien n'empêcherait de l'adjuger à un prix calculé par le *nombre des voyages de locomotives* remorquant des trains de voyageurs ou de marchandises. Le gouvernement fixerait le minimum des voyages par an pour l'un ou l'autre service, ainsi que les heures des départs des convois à grande vitesse. Relativement aux trains de marchandises, le nombre des wagons serait réglé d'avance pour les deux sens, d'aller et de retour, par l'administration qui aurait la police pour faire compléter les chargemens des locomotives.

Du reste, les prix de transport, ou autrement les tarifs de toute espèce, resteraient tout-à-fait à la disposition du pouvoir, qui les modifierait tous les ans, s'il le jugeait convenable.

L'indemnité due aux entrepreneurs pour les chargemens et l'emmagasinage des colis, autres que les effets des voyageurs, serait réglée par le poids total. Il ne pourrait y avoir de contestation, puisque les perceptions s'effectueraient par les préposés du gouvernement. Enfin l'entretien du matériel en locomotives, wagons, etc., ainsi que celui de la voie, resterait à la charge des exploitans. Leur bail serait le plus long possible. Enfin tout ce qui aurait rapport à l'entretien des ouvrages en maçonnerie, terrasses et bâtimens appartiendrait à l'administration.

Nous ne terminerons pas cet article qui, du reste, ne peut être que l'esquisse rapide d'un plan général, sans faire observer que le réglement du prix de ferme, par le nombre des voyages des locomotives *chargées*, serait aussi juste que simple et commode dans l'application, quel que soit d'ailleurs le nombre des voyageurs, le prix des places et la quantité des marchandises transportées. Mais pour compléter nos idées sur cette question, nous aurons encore à dire un mot relativement aux têtes des grandes lignes de rail-ways.

CHAPITRE VI.

DE L'UTILITÉ D'UN PLAN D'ENSEMBLE POUR LES LIGNES DE RAIL-WAYS.

—

Aujourd'hui que l'on s'occupe de fortifier Paris, et de concentrer dans cette capitale la majeure partie des forces militaires de la France, il importe plus que jamais de déterminer les diverses jonctions des têtes de lignes qui rayonneront vers les frontières, si l'on veut qu'elles servent comme routes stratégiques à grande vitesse.

On conçoit, en effet, que si les têtes des rail-ways étaient entièrement isolées, le passage de l'une à l'autre ne pourrait s'opérer que par des déchargemens et rechargemens, en rupture de charge. Comme il faudrait alors un matériel *militaire* pour chaque ligne, les chemins de fer n'auraient presque aucune valeur stratégique.

Une condition essentielle, dont on ne paraît pas s'être assez pénétré, c'est que si la circulation continue au cœur du réseau général n'est pas de la première utilité pour le service des voyageurs, on doit la regarder comme ayant une haute importance pour les transports en transit.

On sait, à cet égard, ce que coûtent au commerce les transbordemens que l'on opère à Rouen. Des frais d'emmagasinage, des déchets, des avaries, etc., qui viennent grever le prix des marchandises en sus

de la commission pour les soins du consignataire,
font souvent préférer la voie du roulage au transport
par la Seine, quoiqu'il y ait un avantage de plus de
50 centimes par 1,000 kilog. et par lieue en faveur
de la navigation, depuis le Havre jusqu'à Paris.

Il est à peu près certain que si les transports sur
le rail-way du Havre éprouvent une rupture de charge
à Paris, pour une réexpédition soit par les canaux,
soit par d'autres rail-ways, le bénéfice de la grande
vitesse, et même d'une économie dans les frais de
circulation, n'empêcherait pas de donner la préférence au roulage ordinaire.

Pour les objets de grand prix, comme les sucres,
les tabacs, le coton, le café, etc., l'on a renoncé aux
voies navigables toutes les fois qu'il y a transbordement avec commission.

Cette considération a été entièrement négligée dans
la dernière concession du rail-way de Rouen, qui
doit emprunter le chemin de Saint-Germain à l'entrée dans Paris.

Cependant il est de notoriété que, lorsque le projet
de concession de ce rail-way promenade fut présenté
aux chambres, personne n'osa indiquer qu'il pourrait devenir la tête d'une grande ligne commerciale.

A cette époque, on attachait une telle importance
à la réexpédition des marchandises sans rupture de
charge à Paris, que l'embranchement dirigé sur le
canal Saint-Denis était l'un des principaux motifs en
faveur du tracé par les plateaux.

On comprenait fort bien que le déchargement immédiat dans les bateaux, des wagons expédiés du
Havre ou de Rouen à Paris, et chargés de marchan-

dises pour le transit, était le seul moyen d'appeler le transport de ces marchandises sur la voie de fer.

En choisissant les tranchées profondes et sans issues de la tête du chemin de Saint-Germain, pour l'entrée des convois de Rouen, l'on a évidemment renoncé au transport des marchandises sur le railway le plus favorable au commerce.

Néanmoins la question du transit ne se présente pas isolée et sans conséquences relativement à notre marine marchande, qui est la principale école des matelots pour notre marine militaire.

La France, par sa position topographique, est appelée à devenir l'entrepôt de l'Allemagne. Malheureusement les voies navigables sont insuffisantes pour faciliter la circulation des marchandises à l'est et au nord-est de Paris, et nous sommes grandement menacés de voir les transports pour l'Allemagne s'établir par la Belgique et le Rhin au moyen de chemins de fer. Cependant, à égalité d'avantages, nous serons assurés d'avoir la préférence, si nous évitons la répétition des frais de commission et de transbordement que nécessite le changement de mode de transport.

Lorsqu'un gouvernement, dans le but de favoriser la navigation transatlantique et d'entretenir la meilleure pépinière de marins qui servent à bord des vaisseaux de guerre, se trouve dans l'obligation d'allouer des primes aux armateurs du commerce, il y a un choix à faire pour le bon emploi de cette prime.

Jusqu'ici la question du dégrèvement des transports des marchandises en transit n'a pas dû fixer l'attention du pouvoir. Mais après l'établissement des lignes de rail-ways, il y aura lieu de rechercher si une réduction des tarifs, pour les objets provenant du commerce transatlantique et destinés aux états de l'Allemagne, ne serait pas assez profitable à l'accroissement de notre marine pour qu'il y eût avantage à en faire l'objet d'une prime, comme celle en faveur de la pêche.

CHAPITRE VII.

OBSERVATIONS GÉNÉRALES SUR LES DIVERSES PIÈCES D'UNE VOIE EN FER.

—

Les barres du chemin de Liverpool à Manchester avaient été primitivement construites à raison de 16 kilogrammes par mètre courant, et leurs supports, peu écartés, semblaient garantir les rails contre les causes de déformation. On croyait ce système de rails tellement solide, qu'on supposait, en 1830, que la dépense, pour l'entretien et le renouvellement de ces barres, ne monterait pas à 2 pour % par an de leur valeur première, parce que l'oxidation n'atteignait pas les fers soumis au courant magnétique produit par le passage des roues ; mais il restait à constater les effets du laminage et des chocs, pour des locomotives lourdes qui circulent à grande vitesse.

Les directeurs de l'entreprise du rail-way de Liverpool avaient bien compris, en 1829, que le remorqueur qui pèserait le moins devait avoir la préférence ; ils avaient même fixé une limite de 6,000 kilog., lors du concours ; mais les avantages de la vitesse de 8 à 9 lieues par heure firent ultérieurement dépasser ce maximum, peut-être sans qu'on eût prévu quelles seraient les conséquences d'une augmentation de poids qui a porté les locomotives actuelles à plus de 11,000 kilog.

On aurait tort de supposer que cette augmentation de poids fut décidée, comme on est généralement

porté à le croire , par la dépense en combustible des
premières locomotives ; c'est l'énorme consommation
du métal exposé à l'action de la flamme, qui oblige
de réduire le plus possible le nombre de ces machines, en accroissant leur puissance.

Si les ingénieurs anglais étaient parvenus à rendre
la chaudière tubulaire assez parfaite, pour qu'elle ne
dépensât, en frais d'entretien, que selon la proportion
des forces utilement développées , ils n'auraient pas
employé de locomotives pesant plus de 6,000 kilog.:
car ce changement a obligé de doubler au moins le
poids des rails qui varie maintenant de 30 à 38 kilog.
Les barres que l'on substitue aux premiers rails du
chemin de Liverpool ne pèsent pas moins de 32 kilog.
par mètre.

Les locomotives eurent primitivement quatre
roues ; les deux plus grandes, placées à l'avant, portaient environ les deux tiers du poids total. Présen-
tement on leur donne six roues, et l'essieu du milieu
reçoit l'action motrice ; au moyen de la tension des
ressorts, on lui fait supporter la majeure partie du
fardeau.

L'avantage principal de ce système est d'augmenter
l'adhérence en même temps que la sécurité.

Pour diminuer la vitesse des pistons, l'on a dû
agrandir le diamètre des roues menantes. Ce diamètre, fixé d'abord à 1^{m}52, s'est élevé à 1^{m}83 sur
les voies ordinaires, et jusqu'à 3^{m}4, sur les voies
très larges du rail-way de Great-Western.

Quant aux barres qui résistent à ces lourdes machines, on leur donne environ 4^{m}50 de longueur,
et elles sont soutenues par trois, quatre et quel-

quefois cinq chairs ou sabots en fonte, qui reposent sur des traverses en bois ou de grosses pierres appelées *dés*.

La difficulté de tenir en contact les rails avec des supports nombreux devait faire donner la préférence aux barres très fortes, afin de diminuer le nombre des appuis intermédiaires; aussi l'écartement à 1ᵐ 50 pour les dés employés à supporter les rails du poids de 38 kilogrammes par mètre courant commence à prévaloir en Angleterre, pays où l'on redoute les économies qui s'obtiennent par une courte durée des ouvrages et occasionnent des interruptions de service.

Le système des supports continus, avec longrines et traverses en bois [1], employé au Great-Western rail-way et sur plusieurs autres chemins d'Angleterre, procure une réduction notable du poids des barres et une locomotion plus douce; de plus, résistant mieux aux efforts qui tendent à écarter les rails, il doit occasionner moins de déraillemens.

Dans le système des supports discontinus, on fait usage des dés en pierres ou des traverses en bois pour porter les chairs qui sabotent les rails: le premier mode est adopté en Angleterre, le second est exclusivement employé en France et en Belgique pour les chemins à grande vitesse [2].

---

[1] Le poids des rails établis sur longrines varie de 20 à 27 kilogrammes par mètre courant.

[2] Quel que soit le mode employé, les supports en pierres ou en bois reposent toujours sur un lit de sable très perméable et parfaitement pur, qui a d'abord pour objet l'écoulement des eaux pluviales; en second lieu, la douceur de la locomotion; enfin, la facilité du relèvement des dés ou des traverses.

La condition de l'élasticité du lit des supports est assez impor-

Nous avons déjà eu occasion de dire que ce sont les chocs répétés des roues et leur *glissement* qui obligent à de fréquens renouvellemens des rails. On peut se faire une idée de l'effet du glissement par le résultat suivant. Il est arrivé plus d'une fois que le rebord ou le mentonnet en saillie sur les jantes des roues menantes des premières locomotives à quatre roues s'est décollé entièrement, après quelque temps de service de la machine; or, cette saillie qui s'emprunte à la masse du fer dans l'opération du laminage, ne peut manquer d'être bien soudée aux jantes [1].

La forme des chairs ou coussinets est donnée par la double condition d'y loger un coin de bois qui serre

tante pour que l'on soit obligé de donner de la souplesse à la voie, sur les viaducs en maçonnerie, en posant les chairs sur des traverses en bois.

[1] Il paraît que les élémens des barres se dessoudent comme les mentonnets des roues dans les anciennes locomotives : la première couche se sépare en baguettes qui s'enlèvent facilement, quelquefois sur 1 et 2 mètres de longueur; cet effet de l'effeuillement est surtout très rapide sur les plans inclinés parcourus par les locomotives.

On a cherché un mode de fabrication propre à éviter ce genre de destruction des rails; mais jusqu'ici l'on n'a rien découvert de mieux que la superposition des *mises* dans le travail du laminage, de sorte que les joints se trouvent de niveau après la pose des barres. Cette disposition est préférée à l'assemblage en sens inverse, qui laisse moins d'adhérence aux deux saillies, formant le *champignon* du rail.

Le profil des barres présente généralement un double champignon : on y trouve l'avantage de pouvoir fixer solidement le rail dans les sabots. On espérait primitivement pouvoir retourner le rail, afin de le faire servir indistinctement sur les deux faces et doubler ainsi sa durée; mais les déformations qu'il éprouve ont obligé de renoncer à cet avantage.

Pour éviter l'espèce d'écrasement du fer qui donne à la surface horizontale des rails l'apparence du bois privé de sa sève, il sera nécessaire d'essayer encore diverses modifications du profil vertical.

la barre, et de fixer les oreilles par une cheville en fer
que l'on fait pénétrer de chaque côté dans le support
en bois ou en pierre. Le poids d'un *chair* est de 7
à 8 kilogrammes ; sa résistance est déterminée par le
serrage des coins en bois, qui se renouvelle assez fréquemment, quelquefois avec trop peu de précautions.
Sous ce rapport, il importe d'exécuter les chairs en
fonte douce, et même en fonte de deuxième fusion, qui
n'augmente pas de 5 fr. le prix du quintal métrique,
en France, et permet de profiter de la résistance
acquise par le travail de l'épuration du métal.

Dans les rails à supports discontinus, l'emploi des
coins pour lier les barres aux chairs est sujet à divers
inconvéniens auxquels on n'a pas encore remédié. Si
les coins sont fortement serrés, ils gênent la dilatation ; dans le cas contraire, ils ne maintiennent pas
suffisamment les barres, et il en résulte des ruptures
dans les coussinets ; enfin le serrage exige des vérifications fréquentes de la part des surveillans affectés
au service de la voie [1].

En Angleterre, les chevilles en fer qui servent à
fixer les chairs aux supports sont, ainsi que les coins

et peut-être de faire subir au fer une double opération de cor-
royage. Au surplus, l'on ne saura pas, avant quelques années, si les
barres du poids d'au moins 30 kilogrammes par mètre résisteront
assez long-temps pour ne pas trop accroître les dépenses d'exploitation d'un rail-way.

Le rail convexe à oreilles, uniquement destiné aux supports
continus formés de longrines en bois, présente encore de l'avantage
à cause de sa forme et d'une mince épaisseur, qui se prête beaucoup
mieux à une bonne fabrication que les barres ordinaires.

[1] Nous examinerons, dans un autre chapitre, s'il ne serait pas possible de substituer avantageusement le fer laminé à la fonte, pour
la constructions des chairs.

de bois, exécutés par des moyens mécaniques, à l'effet
de réduire le plus possible la dépense de main-d'œuvre. Les coins passent à une machine de compression
pour rendre plus invariable leur dimension en
épaisseur.

Les barres ou rails sont sciés perpendiculairement,
afin de ne pas laisser trop d'intervalle entre deux
élémens consécutifs de la voie, et de rendre uniforme
leur pose, qui a lieu à une distance d'environ 3 millimètres. L'écartement a pour objet de rendre libre le
mouvement des barres dans leur plus grande dilatation.

Cette séparation des rails, jointe aux inégalités du
sol, se marque presque toujours par une saillie qui
détermine des battemens, et multiplie les cahots au
point de rendre quelquefois la circulation sur les
chemins de fer presque aussi fatigante que sur les
routes empierrées.

La continuité des barres avec ou sans assemblage,
pour éviter les surélévations qui occasionnent des
ébranlemens nuisibles à la conservation de la voie,
est l'un des problèmes que d'habiles constructeurs
s'attachent depuis long-temps à résoudre, dans un
but d'économie et de perfectionnement. Sans vouloir
rabaisser les grands avantages des rails à supports
continus, il ne faut pas se dissimuler que les résultats
ne seront complets que lorsqu'on sera parvenu à
garantir les bois d'une prompte destruction, soit par
une injection ou par un autre moyen propre à remplir
leurs pores d'un agent préservatif, car le renouvellement des longrines serait une occasion de grande
dépense, et peut-être de quelque chômage pour le
service du rail-way.

CHAPITRE VIII.

PARALLÈLE ENTRE LES FRAIS D'EXPLOITATION DES DEUX SYSTÈMES DE RAIL-WAYS A SUPPORTS CONTINUS OU ESPACÉS.

—

Les dépenses d'exploitation des grandes lignes de rail-ways en Angleterre, se rapportant à peu près à un nombre égal de départs par jour, il y a lieu de les comparer entre elles, et de voir lequel des deux systèmes à supports continus ou espacés est le moins onéreux.

Pour le 2e semestre de 1839, le relevé des dépenses, extrait de l'ouvrage de M. Bineau, donne les chiffres suivans :

1o Sur le chemin de Londres à Birmingham, longueur 180 kilom. $^{1}/_{2}$, les frais de l'exploitation, non compris les droits du trésor, ont fourni pour 4 kilom. en moyenne . . . . 68,637 fr. 00

2o Sur le rail-way de Birmingham à Warrington, appelé grand junction rail-way, dont la longueur est de 133 kilom., les mêmes dépenses par lieue se sont élevées à [1] . . . . 63,156 fr. 00

3e Pour le Great-Western rail-way, longueur 36 kil., les frais d'exploitation, tout compris, ont monté, pour l'unité de distance, une lieue, à . . . 64,776 fr. 00

---

[1] Si l'on divise le chiffre 63,156 fr. par 180 jours × 20 voyages × 4 kilomètres, le quotient 4 fr. 38 c. exprime la dépense par voyage et par kilomètre pour toutes les dépenses.

On ne doit pas mettre en regard les dépenses, durant le même semestre, pour le chemin de Liverpool à Manchester, lesquelles dépassent 160,000 fr., par la raison que le nombre des départs est beaucoup plus considérable sur ce rail-way que sur les précédens.

La moyenne vitesse effective pour les convois de la malle-poste, selon l'ordre ci-dessus, est :

> Au n° 1, de . . . 40 kilom. par heure.
> Au n° 2, de . . . 36 kilom.
> Et au n° 3, de . . 53 kilom.

La vitesse s'élève à 42 kilom. $1/2$ sur le rail-way de Liverpool à Manchester.

Les deux premiers numéros appartiennent au système des supports espacés, et le n. 3 au système à supports continus.

Entre les n°s 1 et 3, la différence de vitesse est de 13 kilom. par heure, et la dépense moindre est du côté du parcours le plus rapide.

L'un et l'autre rail-way ont des pentes extrêmement faibles ; on a dépensé des sommes considérables pour arriver à ce résultats, qui asure pour l'avenir la possibilité de profiter de tous les perfectionnemens, dans le but d'obtenir une plus grande vitesse. Le railway de Londres à Birmingham a coûté, en frais d'établissement, par kilomètre . . . 780,228 fr. 00

Et celui dit Great-Western. . . . 679,507 fr. 00

Tandis que le grand junction rail-way, qui a quelques pentes un peu fortes, n'a coûté que 360,472 fr. 00

Enfin, les locomotives employées sur ces trois chemins sont toutes construites sur le même principe, à l'exception du diamètre des roues menantes qui est de 3ᵐ 04 sur le Great-Western, et de 1ᵐ 52 à 1ᵐ 80 sur les autres rail-ways. On n'y remarque d'ailleurs aucune différence essentielle, aucune disposition particulière qui puisse rendre le service plus économique dans un cas que dans l'autre.

La vitesse moyenne de 53 kilom. par heure, s'obtient sur les rail-ways à supports discontinus, quand on réduit à 2 wagons-diligences le train d'une bonne locomotive ; mais, à ce taux, les frais de transport deviendraient excessifs. On ne développe cette vitesse que dans des circonstances extraordinaires, pour montrer ce que peut faire une machine à vapeur sur les chemins de fer.

Delà il ne faut pas conclure pourtant que les rail-ways à supports continus seront toujours préférables au système des barres portées sur des traverses en bois à petite distance. Si la jonction des rails dans un chair s'opérait de manière que les abouts de deux barres consécutives ne pussent pas présenter de surélévation, et que les rails ne fussent pas sujets à s'écarter, les conditions principales seraient satisfaites. Or il ne nous paraît pas impossible de résoudre ce problème ; mais il s'agit alors de recherches et de nouvelles expériences sur un autre mode de liaison des rails.

CHAPITRE IX.

—

Les frais d'exploitation du chemin de fer Belge, sur une longueur de 2,566 kilom., ont donné en moyenne, durant le 2e semestre de 1839, pour une étendue de 4 kilom., une somme de   19,641 fr. 00

En comparant ce chiffre à la dépense·la plus faible des trois rail-ways précédemment cités, et qui s'élève à. . . . . 63,156 fr. 00 on voit que le premier n'est pas égal au tiers du second. Une aussi grande différence mérite une attention particulière.

Il a été dit que la vitesse effective des malles-postes était de 40 kilom. sur le rail-way de Londres à Birmingham, et de 36 kilom. $\frac{1}{2}$ sur celui de Birmingham à Liverpool et Manchester.

Le chemin parcouru en réalité dans une heure de marche sur le rail-way Belge, est au maximum de 32 kilom., ce qui fait une réduction de 4 kilom. $\frac{1}{2}$ ou de 7 kilom. $\frac{1}{2}$, relativement aux deux chiffres ci-dessus.

Cette vitesse de 32 kilom. est déjà si supérieure à celle des messageries et même de nos malles-postes ,

[1] On sait quel est le produit brut de la recette des rail-ways aux environs de Paris ; mais on n'a pas publié le détail des dépenses pour l'entretien,

que l'on est peu disposé à croire que pour atteindre 40 kilom. par heure, l'on se soumette à de grandes dépenses, Cependant il faut bien admettre que le parcours à 40 kilom. est beaucoup plus onéreux que celui à 30 et 32 kilom., puisque sur les rail-ways, en Belgique, les machinistes ne cherchent pas à regagner, par une plus grande rapidité, le temps perdu dans un voyage par une cause accidentelle. Les locomotives arrivent plus tard aux stations où d'autres trains attendent souvent pour partir que la voie soit libre ; par conséquent l'on sacrifie même la régularité du service à l'économie.

Toutefois ce serait une erreur manifeste de porter exclusivement au compte de la moindre vitesse, l'économie dans les frais d'exploitation du chemin de fer belge : sur cette ligne, il y a environ deux fois moins de départs que sur les rail-ways anglais, et l'on peut supposer que l'usure est proportionnelle aux charges transportées à la même vitesse.

Dans l'appréciation de l'économie qui en doit résulter, il est évident que l'on dépasserait la réalité en portant à deux fois 19,641 fr. le chiffre de frais d'exploitation, pour un nombre de voyages deux fois plus considérables sur le chemin de fer belge ; or, sur la somme de 63,156 fr., relative au grand junction railway [1], il resterait encore un avantage d'au moins 24,000 fr. par lieue, en faveur de la circulation, à raison de 32 kilom. par heure.

---

[1] Les pentes de ce rail-way sont très-faibles, sauf les longueurs ci-dessous :
5 kilom. 7 à 0,0057, 1 kilom. 8 à 0,0056, 400 mètres à 0,001, 1 kilom. 6 à 0,0117 d'inclinaison.

Les locomotives et les wagons employés en Belgique étant construits exactement sur les mêmes modèles que les remorqueurs et les wagons en usage sur les rail-ways de Londres à Birmingham et Liverpool, on peut conclure encore de ce dernier résultat, que les soubresauts et les glissemens des roues menantes contribuent puissamment à l'augmentation des frais d'entretien de la voie en fer et des machines locomotives sur les rail-ways qui n'ont pas de supports continus.

Les quantités considérables de fonte et de fer qui entrent dans la charpente des grandes roues d'une locomotive, le système de leur construction modifié tant de fois, et fort différent aujourd'hui de celui des roues de wagons ; la perfection des assemblages, leur profit tout entier fait voir qu'il ne s'agit pas seulement de constituer une solidité proportionnée au poids que ces roues ont à porter, mais de la mettre en rapport avec des chocs et des frottemens à la fois énergiques et très répétés.

D'ailleurs, l'usure des bandes en fer qui couronnent les grosses jantes en fonte de ces roues, et l'effeuillement des rails, attestent assez que la voie est fatiguée par un glissement qui se renouvelle à chaque instant.

On pourrait encore invoquer à l'appui de ces observations le mauvais succès des voitures à vapeur *sur les routes ordinaires.*

Pendant les soubresauts, les roues menantes prennent un excès de vitesse qui produit des effets analogues à ceux de la meule à aiguiser. Prévenir le glissement ou l'accélération de vitesse quand les roues

quittent le sol, c'est assurément la plus grande difficulté que présente l'application si désirable du pouvoir de la machine à vapeur sur les chemins ordinaires.
N'est-il pas à craindre que cet obstacle ne puisse être
jamais surmonté?

CHAPITRE X.

—

Les frais d'établissement d'un rail-way se composent des indemnités de terrain ; des fouilles, terrasses et constructions propres à niveler le sol d'après le profil vertical du projet ; des édifices, hangars, etc., à élever aux diverses stations : et pour le matériel, de l'acquisition des locomotives, diligences, wagons, chariots, outils, machines, etc.

Quoique toutes ces dépenses, particulièrement celles qui concernent les deux premiers articles, soient trop variables pour que les entreprises terminées puissent servir de base au devis des projets à exécuter, il est intéressant de connaître le prix de revient des rail-ways déjà établis pour la circulation à grande vitesse, et de rechercher un chiffre minimum qui s'applique aux dépenses communes à toutes les doubles voies.

Nous donnons ci-dessous, comme renseignemens généraux, le montant par kilomètre des frais de toute espèce qui ont précédé la mise en activité de sept rail-ways [1].

[1] Ces renseignemens sont extraits de l'ouvrage de M. Bineau, sur les chemins de fer d'Angleterre.

Dépenses totales par kilomètre.

(RAILS-WAYS EXÉCUTÉS EN ANGLETERRE.)

Chemin de Preston à Lancastre. 358,312 f. 00 c.
Grand junction de Birmingham
à Warington. 360,472 00
   South-Western rail-way. 408,097 00
   Manchester et Seeds. 630,000 00
   Great-Western rail-way 679,507 00
   Liverpool et Manchester. 684,340 00
   De Londres à Birmingham . . . 780,228 00

Il est inutile de rapporter ici les chiffres des dépenses relatives aux entreprises qui, comme celle de Green-Wich, sont dans des circonstances extraordinaires : en disant que l'on a consacré plus de 19 millions pour élever cette promenade sur un viaduc de 6 kilomètres d'étendue, il ne peut nous venir à l'esprit qu'une seule idée, c'est que l'industrie à Londres tient à montrer des monumens dans les entreprises de rail-way, aussi bien que dans la construction de ce pont, plus somptueux que bien ordonné, dont le nom et les trophées réveillent les souvenirs d'une fatale journée pour la France.

Dans la série qui précède, l'on peut s'arrêter au chiffre le plus faible, et évaluer à 350,000 fr. par kilomètre, soit 1,400,000 fr. par lieue; la moindre dépense d'établissement d'un rail-way à double voie, pour les longues lignes qui rayonneront de Paris vers nos frontières ; attendu que le bas prix de la main-d'œuvre en France, ne produira pas une différence aussi importante que celle qui résultera du haut prix de fers, fontes et houilles.

Jetons maintenant les yeux sur les divers articles qui composent les résultats généraux de ce tableau.

§ Ier. — *Des indemnités pour les terrains occupés par un rail-way et ses dépendances, et pour la moins value des propriétés aux abords de la voie.*

Les indemnités de terrain forment une partie importante de la dépense dans les entreprises de rail-way en Angleterre.

Sur le chemin de Londres à Birmingham, elles se sont élevées, terme moyen, pour 1
kilomètre, à. . . . . 97,778 f. 00 c.

Pour le Sout-Western, elles n'ont
monté qu'à . . . . , . . . 54,865   00

Et pour le grand junction, de Birmingham à la rencontre des chemins de Liverpool et Manchester,
elles ont produit. . . . . . , ... 42,670   00

Enfin, sur le chemin de fer de Belge, qui comprend 309 kilom. 3, la dépense totale est de 8,487,207 f.
soit par kilom.. 27,407   00

L'extrême division des propriétés, en France, deviendra une cause puissante d'augmentation des indemnités, lorsque l'expérience de quelques rail-ways aura fait connaître aux propriétaires riverains l'étendue des servitudes créées, sans compensation, par l'établissement de ces nouvelles voies.

Quand une exploitation rurale est scindée par l'ouverture d'un canal, s'il y a désavantage, sous le rapport du temps employé pour les nombreux charrois
qui ne se font plus directement de la ferme aux
champs et réciproquement, le voisinage de l'eau est
si profitable à la végétation, indépendamment de la
facilité des expéditions par une voie navigable, que
chacun désire voir passer un canal dans sa propriété.

Le morcellement des terres par les rail-ways ne
laissant aucun bénéfice d'avenir, en compensation de
cette servitude des transports journaliers à une distance beaucoup plus grande ; il est probable que dans
un grand nombre de cantons il faudra établir un
chemin rural à peu de distance de la nouvelle voie,
pour rendre moins impraticables les communications
entre les deux rives d'un rail-way.

Dans ce cas, il ne serait pas surprenant que le
montant des indemnités s'élevât à 40,000 francs par
kilom., pour l'ouverture de nos chemins de fer, soit
13,000 francs en plus que sur le rail-way belge, y
compris l'emplacement des gares aux diverses stations. Les nombreux accidens du sol, en France, né-
cessitent d'ailleurs l'occupation d'une plus grande
superficie, par les déblais et remblais, que sur le terrain à peu près de niveau du chemin de la Belgique.

§ II. — *Dépenses pour les terrassemens, les viaducs,
souterrains, ponts, et pour l'établissement de la voie
en fer.*

L'article des terrassemens, quand un projet comporte des fouilles profondes et de hautes levées, est
la source des plus grands mécomptes dans l'évaluation
des divers articles dont se compose le devis d'un
chemin de fer.

Pour le rail-way de Londres à Birmingham, les
terrassemens, viaducs, souterrains et ponts de communication donnent, par kilomètre, une somme de
. . . . 591,037 fr. 00

Et pour le chemin de Birmingham, dit grand junction. . . . . 241,770 fr. 00

Idem, non compris les stations qui ont coûté
16,478 fr. par kilom. . . . . 225,272 fr. 00

Enfin, sur le chemin belge, le dressement du terrain n'a coûté par kilom. que. . . . 46,982 fr. 00

Les pentes du premier de ces rail-ways, aussi faibles que celles du troisième, ont occasionné des dépenses considérables par les nombreuses inégalités
du sol ; pour le deuxième, dont le tracé est moins
parfait, il y a une différence par kilom. de 249,267 f. 00

En étendant la limite maximum de la pente pour
l'ascension et la descente, dans le tracé du grand
junction rail-way, on s'est abstenu néanmoins d'y
introduire des rampes dont la grande longueur pût
retarder la vitesse au point d'obliger à faire usage
d'une machine de renfort pour les convois de voyageurs.

D'abord, on n'y rencontre aucune pente de 4 à 5 millièmes : à l'inclinaison de 0ᵐ 0056, il y a une longueur de 1ᵐ 8 kilom., et à celle de 0ᵐ 0057 une de 52 kilom. : sous la pente de 0ᵐ 010 l'on compte 400 mètres ; et à l'inclinaison de 0ᵐ 0117 une étendue de 1 kilom. 6. Le pouvoir de la vitesse à 9 lieues étant capable d'élever les trains à plus de 8 mètres de hauteur, la pente de 0ᵐ ˙0057 sur 52 kilom., qui donne une ascension de 30ᵐ 24, est la seule de ce rail-way capable d'arrêter la marche d'un train à *charge complète*, dont le poids total serait calculé pour une longue pente de 0ᵐ 003.

Dans le cas où la circulation des marchandises permettrait de compléter tous les convois de voyageurs, il serait donc nécessaire d'employer une machine de renfort pour franchir cette rampe qui présente une ascension de 30ᵐ 24. La dépense journalière qu'elle susciterait a dû être comparée à l'augmentation de travail qu'aurait exigé l'établissement d'une pente à 0ᵐ003 ; et il est évident que, si un petit percement souterrain pouvait permettre la réduction de cette pente de 0ᵐ 0057, l'on regretterait plus tard de ne l'avoir pas exécuté.

D'après le détail ci-dessous [1], relatif à une longueur de 1,000 mètres et comprenant l'établissement des

---

[1] SOUS-DÉTAIL DU PRIX D'UN MÈTRE LINÉAIRE DE RAIL-WAY A DEUX VOIES, POUR LES CHEMINS DE FER EN FRANCE.

Nous supposerons qu'un mètre courant de rail pèse 30 kilogrammes.

Evaluation pour dix mètres de longueur comprenant deux lignes de barres, ou une voie simple.

Poids des rails, longueur 20 mètres à raison de 30 kilogrammes (600 kilogrammes), lesquels, au prix de 40 francs les 100 kilo-

rails, des coussinets, des traverses supports, le transport du sable servant d'assiette, la main-d'œuvre de pose, les voies additionnelles des gares de stationnement, etc., on arrive à environ 100,000 francs par kilom. de double voie pour les chemins de fer en France. Ce prix pouvant également s'appliquer au rail-way de Birmingham à Warington, où l'on a employé des dés en pierre deux à trois fois plus chers que les traverses en bois ; il resterait pour le dressement du sol une somme de 125,292 fr. par kilom.

grammes, y compris les divers frais de transport, avant la mise en place . . . .   240 fr. 00 c.

16 chairs, pesant chacun 8 kilogrammes (128 kilogrammes), lesquels, à raison de 38 fr. les 100 kilogrammes, y compris les frais de transport de toute espèce   38   60

8 traverses en bois de chêne, ayant chacune 2 mètres sur 30 et 20 centimètres, à 10 fr. l'une . . .   80   00

32 chevilles en bois dur, à 3 cent   0   96

32 chevillettes en fer, à 0 fr. 15 cent. l'une, . . ,   4   80

16 coins en bois, pour le serrage des barres, à 0 fr. 5 cent.   0   80

10 mètres cubes de sable pur, pour le lit de la voie, à 4 fr. le mètre, font, ...   40   00

Pose des traverses, des chairs et des barres, à 1 fr. 50 cent. le mètre courant, les 10 mètres font   15   00

Somme . . . . .   420 fr. 16 c.

Soit pour un mètre de voie simple, 42 fr. 02 c.
Et pour deux voies.   84   04

Pour un kilomètre . . . . .84,040 fr. 00

Non compris les aiguilles pour un changement de voie, les gares d'évitement et de stationnement, les plates-formes tournantes, etc., qui peuvent bien valoir par kilomètre 15,960   00

Ce qui porte le tout à 100,000 fr. 00 c.

sur cette ligne de Birmingham, appelée grand junction rail-way.

§ III. — *Dépenses pour l'établissement des stations.*

Les frais d'établissement des stations, qui sont considérables pour des rail-ways de petite longueur, ne
paraissent pas de nature à donner des estimations
fort inégales pour des lignes qui dépassent 100 kilom. ;
néanmoins sur le rail-way de Birmingham à Warington, la dépense s'est élevée à 16,478 francs, et sur
le chemin Belge à 7,953 francs. Cette disproportion
résulte de ce que, pour le dernier, il reste encore
beaucoup à créer, et que pour le premier, l'on a
peut-être donné une part trop large au chapitre de
l'architecture.

En France, le montant de cet article peut s'évaluer
à 12,000 francs.

§ IV. — *Matériel en locomotives.*

Les dépenses du matériel en locomotives doivent
nécessairement varier avec l'étendue du chemin
qu'elles ont à parcourir sans se reposer, et en raison
de la multiplicité des convois.

Sur le rail-way de Londres à Birmingham, la dépense par kilom. a été de. . . . . 17,280 fr. 00

Et sur le grand junction rail-way qui a moins de
longueur, elle monte à. . . . . . . 19,107 fr. 00

Pour le chemin de la Belgique, qui a 309 kilom. 3,
elle n'est que de. . . . . 13,647 fr. 00

En ajoutant au premier chiffre un cinquième pour

les frais de transport et les droits d'entrée en France,
l'on a . . . . 20,736 fr. 00

Cette somme ne s'éloignera pas beaucoup de la
dépense pour l'acquisition des locomotives affectées
aux service de nos chemins de fer, et elle fournit à
peu près une locomotive pour 2 kilom. $\frac{1}{2}$ de rail-
way.

§ V. — *Matériel en wagons-diligences.*

Les frais pour l'acquisition des wagons-diligences
se sont élevés, sur le rail-way de Londres à Birmingham, le kilom. étant pris pour unité, à 24,736 fr. 00
Sur le rail-way de Birmingham à Warington,
à . . . . 21,914 fr. 00
Et sur le chemin de la Belgique, à. 10,902   00
Les diligences à glaces qui sont en usage sur les
rail-ways d'Angleterre, coûtent trop cher et contiennent un trop petit nombre de personnes pour convenir à la circulation économique sur nos chemins
de fer ; aussi tout porte à croire que la dépense par
kilom., pour les derniers, ne montera pas à plus de
15,000 francs, ci. . . . . 15,000 fr. 00
Mais il sera nécessaire d'y ajouter
au moins 5,000 francs de frais d'achat
des wagons destinés au transport des
marchandises à grande vitesse, ci. . 5,000   00

Total par kilom. 20,000 fr. 00

§ VI. — *Frais généraux.*

L'article des frais généraux pour les rail-ways exécutés en Angleterre, renferme diverses natures de
dépenses : premièrement celles qui ont pour objet
les études préparatoires, l'instruction des demandes
en concession, les enquêtes, etc.; en second lieu,
celles qui concernent la direction des travaux d'art.

Au total, ces frais s'élèvent pour le rail-way de
Londres à Birmingham, par kilom., à   31,577 fr. 00

Et pour le rail-way de Birmingham à Warington,
à. . . . . 30,791 fr. 00

Sur le chemin de fer Belge, la dépense n'a été que
de. . . . . 6,027 fr. 00

Enfin, pour la direction des travaux, sous le rapport de l'art, les frais par kilom., sur le rail-way de
Londres à Birmingham, ont fourni la somme de
. . . . 13,575 fr. 00

La différence avec le chiffre 31,577 francs qui est
de. . . . . 19,202 fr. 00
indique combien est onéreuse, pour l'industrie de
nos voisins, l'instruction des demandes en concession, qui doit absorber la majeure parties de ces
dépenses ; car la rédaction définitive des projets ne
peut pas s'élever à plus de 1,000 francs par kilom.

Remarquons en passant, que si le gouvernement
anglais resserre dans des limites trop étroites les modifications à faire à un tracé de rail-way, en France,
l'administration n'exige peut-être pas assez des compagnies. On en voit qui sollicitent des concessions

sur des études tellement incomplètes, que la plupart ne contiennent ni plan, ni devis détaillé des ouvrages. Il en résulte que, durant la construction, des instances se renouvellent incessamment pour changer le tracé primitif, et que l'enquête *de commodo et incommodo* qui a lieu sur le dépôt des premiers plans, est une formalité trompeuse, puisque, en cours d'exécution, la compagnie peut changer trois ou quatre fois le tracé.

Les conseils d'administration des compagnies concessionnaires ne reçoivent pas d'honoraires en Angleterre, et en France, c'est de ce côté que vont les gros émolumens. Il faut donc augmenter la somme 12,375 francs, relative à la direction des travaux du rail-way de Londres à Birmingham, de tout ce qui doit être attribué au service des administrateurs délégués par les actionnaires et nommés directeurs, pour obtenir une base applicable à nos entreprises de chemins de fer. Ainsi nous porterons le chiffre total à 15,000 francs, quoique les ingénieurs et les surveïllans sous leurs ordres soient beaucoup moins rétribués en France qu'au delà du détroit.

RÉSUMÉ DU CHAPITRE X.

En mettant à part l'article des travaux relatifs au dressement du sol naturel, d'après les pentes marquées au profit vertical, il y a lieu de former une évaluation approximative, en récapitulant tous les autres articles ci-dessus.

RÉCAPITULATION DES DÉPENSES D'ÉTABLISSEMENT POUR UN KILOMÈTRE, NON COMPRIS L'ARTICLE DES TERRASSEMENS.

Indemnités de terrain.	40,000 f.	00
Etablissement des diverses parties de la voie sur un terrain dressé et nivelé	100,000	00
Frais pour l'établissement des stations . . . . , . . .	12,000	00
Matériel en locomotives.	20,500	00
Idem en wagons-diligences (non compris les wagons pour les marchandises à petite vitesse)	15,000	00
Frais généraux.	15,000	00
Total pour un kilom., non compris l'art. 2.	202,500	00

Le montant de cet article, pour le chemin de fer belge, qui est le plus avantageux que l'on puisse supposer, étant de. . . . . 47,000 fr. 00 il s'ensuit que le prix minimum d'un kilom. de railway à double voie, ne peut guère descendre au dessous de. . . . . 252,000 fr. 00 à moins qu'on ne fasse des réductions nuisibles à la durée du chemin, ou que l'on ne complète pas son matériel.

Si l'on remplace le dernier article de 47,000 fr. par celui qui appartient au grand junction rail-way, soit en nombre rond. . . . . 125,000 fr. 00

La dépense par kilom. s'élevera à   330,000   00 et par lieue à. 1,320,000   00

Que l'on ajoute à ce chiffre l'intérêt des fonds durant l'exécution des travaux, environ 10 pour %, et l'on aura *au moins* . . . . 1,450,000 fr. 00 en dépense moyenne, pour l'exécution de 4 kilom. de rail-way sur une grande ligne.

CHAPITRE XI.

DES FRAIS D'EXPLOITATION.

—

Les dépenses d'exploitation d'une ligne de rail-way à grande vitesse, sont tellement dépendantes du nombre des convois ou des passages d'une locomotive, que si l'on faisait la division du total de ces frais durant six mois, par le nombre des trains expédiés des deux extrémités de la ligne, l'on pourrait prendre pour unité le quotient divisé par le nombre de kilom. dont se compose le rail-way.

En procédant ainsi dans l'hypothèse que le nombre des voyages de locomotives soit par jour de 20, sur les deux lignes dont il va être question, hypothèse qui ne doit pas s'écarter beaucoup de la vérité, l'on trouve que pour le Great-Western rail-way, la dépense par kilom., durant le 2ᵉ semestre de 1839, se serait élevée, terme moyen par convoi, à 4 fr. 33 c.

Pour le rail-way de Londres à Birmingham, pendant le même semestre, elle serait montée à 4 fr. 88 c.

Si l'on suppose un nombre de convois plus grand que 20, qui réduira à 4 francs le prix moyen par kilom. de tous les frais d'exploitation, la dépense d'un voyage de locomotive sur le rail-way de Paris à Saint-Germain, dont la longueur est de 18 kilom., serait à ce taux de 72 francs, soit le produit brut de 72 voyages complets à 1 franc, en admettant que la

vitesse effective fût de 36 à 40 kilom. par heure ;
mais ce prix doit être évidemment moindre pour la
vitesse de 30 à 32 kilom., adoptée sur ce chemin.

Les divers articles de dépenses, pour l'exploitation
d'un rail-way, devant être l'objet de quelques observations importantes, nous allons la présenter en
particulier, relativement aux lignes qui sont le plus
fréquentées en Angleterre.

§ Ier. — *Frais d'entretien de la voie par kilomètre.*

2e Semestre 1839, chemin de Londres à Birmingham . . . . 14,581 fr. 00
    Idem, de Liverpool à Manchester. . 6,244   00
    Idem, de Birmingham à Warington 3,912   00
    Idem, Great-Western. 4,805   00

La vitesse, sur le chemin de Londres à Birmingham, plus grande d'un dixième environ que celle
qui s'obtient sur le grand junction rail-way, a donné
une dépense d'entretien trois fois plus forte, durant
le 2e semestre de 1839.

Pour le Great-Western rail-way, où la vitesse sur-
passe de 13 kilom. par heure celle du premier, le
chiffre des dépenses d'entretien est inférieur de plus
des deux tiers. Il est fort important de faire observer
que ces premiers résultats sont entièrement favorables au système des barres à supports continus, dans
le cas où les frais de premier établissement ne seraient pas plus onéreux que pour les rails à supports
isolés.

Nous n'en déduisons point, par comparaison, la
valeur approximative des frais d'entretien, relative-

ment à nos grandes lignes ; attendu que l'importance de ce chiffre varie presqu'en proportion du nombre des convois, et que les concessionnaires seront libres de prendre à cet égard les mesures qui serviront le mieux les intérêts des actionnaires.

§ II. — *Dépenses en combustible.*

La consommation en coke, sur le grand junction rail-way, s'est élevé, en 1839, à 18,712 tonnes, prix . . . . 680,850 fr. 00

En supposant que 20 convois aient été expédiés par jour, la dépense par voyage serait de 2 *tonnes 56*, et pour un kilomètre, de 19 *kilogrammes* 21.

Prenant le cinquième de 2^t 56, soit 512 kilog., l'on aura la dépense par heure. Dans les évaluations du travail utile d'une machine fixe, cette dépense correspondrait à une force de 100 chevaux, à raison de 5 kilogram. pour un cheval-vapeur.

Si le travail utile d'une locomotive ne fournit pas une force de plus de 45 chevaux, l'on voit combien est désavantageux le service à grande vitesse [1].

En argent, la dépense de combustible par voyage, a été de . . . . 93 fr. 26 c. et par kilom., ci. 0   70

Le prix du coke à Paris étant au moins deux fois plus cher, la consommation en coke d'une locomotive sur nos chemins de fer, pour une vitesse de 32 à 36 kilom. à l'heure, s'éleverait, pour un kilom. à . . . . 1 fr. 40 c.

[1] Voir la 2e partie.

§ III. — *Frais d'entretien et de réparation des*
locomotives.

Les dépenses d'entretien des locomotives sur le
grand junction rail-way ont fourni, durant l'année
1839 . . . .   1,190,230 fr. 00
à raison de 20 voyages par jour, il en résulterait
pour chaque convoi, une dépense de 173 fr. 18, et
par kilom. 1 fr. 22 [1].

D'après ce résultat, les frais d'entretien des locomotives sur un rail-way de 18 kilom., dont l'exploitation se ferait à la vitesse de 32 à 36 kilom. par
heure, ne s'élèveraient pas à moins de 21 fr. 96 c.
par voyage.

Ainsi, il faudrait à cette vitesse le produit de 22
voyageurs à 1 fr. par place, pour couvrir les dépenses
qui exprimeraient, par analogie, la moins value des
chevaux affectés à un service de messageries produisant sur une route ordinaire le même travail que les
locomotives sur un chemin de fer d'égale longueur.

§ IV.—*Prix de revient par kilomètre, pour un voyageur,*
de tous les frais relatifs à l'exploitation [2].

Les dépenses d'exploitation de toute nature, ré-
parties entre le nombre total des voyageurs et les

---

[1] Sur le chemin de Versailles (rive gauche), les dépenses d'entretien pour les locomotives se sont élevées depuis la mise en activité
à une moyenne d'environ 1 fr. 25 c. par kilomètre, non compris le
renouvellement des machines.

[2] Ces évaluations sont extraites de l'ouvrage de M. Bineau, sur
les chemins de fer anglais.

marchandises, donnent les résultats suivans pour un
kilom. parcouru :

1° Sur le Great-Western rail-way, à la vitesse de
48 à 53 kilom. par heure, année 1839. . 0 fr. 0779

Il était nécessaire de faire remarquer que la circulation n'y était encore établie que sur 36 kilom.

2° Sur le chemin de Londres à Birmingham, à la
vitesse de 36 à 40 kilom., année 1839.   0 fr. 06916

La différence entre ces résultats disparaîtra très probablement, lorsque le Great-Western sera terminé ;
ainsi, l'on aurait au même prix, la circulation à des
vitesses de 40 et de 53 kilom. à l'heure, par l'emploi
des rails à supports isolés dans le premier cas et
continus dans le second.

3° Sur le grand junction rail-way, à la vitesse de
32 à 36 kilom. par heure, année 1839.   0 fr. 06334

Tout porte à croire que la différence entre les deux
prix 0 fr. 06916, et 0 fr. 06334 provient de l'inégalité
de vitesse des convois sur les deux lignes correspondantes.

4° Enfin, sur le chemin de fer belge, pour une
vitesse de 30 à 32 kilom., année 1838.   0 fr. 02857

Le nombre des départs sur ce dernier chemin étant
deux fois moindre que sur les trois autres rail-ways,
pour déduire des prix de 0 fr. 02857 l'influence de
la vitesse de 30 à 32 kilom. par heure, en le comparant à celui qui correspond aux vitesses de 36 et de
40 kilom. sur les chemins établis avec supports discontinus, on peut supposer une dépense double pour
un nombre de convois deux fois plus grand sur le
chemin belge. Alors le rapport entre les résultats
0 fr. 05714 et 0 fr. 06916, qui est à peu près de 4 à 5,

correspondrait à celui des vitesses 32 et 40 kilom.
par heure.

Il est naturel de conclure, d'après ce qui précède,
que les rapports des prix de revient par kilom., pour
un voyageur, sur les rails-ways à supports *isolés*, ne
s'écartent pas beaucoup du rapport des vitesses entre les limites de 28 à 42 kilom.

CHAPITRE XII.

QUANTITÉ D'EAU VAPORISÉE PAR UNE MÊME LOCOMOTIVE,
QUI ÉPUISE SA FORCE A DES VITESSES DIFFÉRENTES.

———

Dans toutes les expériences sur les chemins de fer, les plus importantes, relativement à l'évaluation des forces dépensées pour la locomotion, sont celles qui ont pour objet de constater la quantité de vapeur consommée par les machines sous des charges et des vitesses différentes. Malheureusement le nombre des observations à cet égard est très réduit; nous n'en pouvons consulter que onze [1], et encore sont-elles relatives à cinq locomotives, sur le chemin de Liverpool à Manchester.

N° 1. *Atlas.* 4 août 1834, charge du train 129^t 63, eau vaporisée 2^t 69, durée du trajet 1 h. 58'.

N° 2. *Idem.* 31 juillet, 40^t 78, 2^t 50, 1 h. 54'.

La première conséquence qui sort de ces résultats, c'est que l'on dépense à peu près la même quantité de vapeur pour transporter à des vitesses peu différentes deux charges qui sont dans la proportion de 1 à 3. On voit de plus qu'une rampe inclinée à 1/89 sur le rail-way de Liverpool à Manchester, qui n'a pu être franchie par un train de 129^t 63 que par le secours de machines de renfort, oblige à réduire

---

[1] Les expériences dont il s'agit sont consignées dans le *Traité des Locomotives*, par M. de Pambour, page 205, 1re édition.

d'environ 80 tonneaux le poids des convois qui ne doivent pas s'arrêter dans le trajet; et que cette ré-duction de charge n'apporte aucune économie dans la dépense en combustible pour le voyage.

N° 3. *Fury*. 24 juillet, charge du train 57ᵗ 04, eau vaporisée 2ᵗ 21, durée du trajet 1 h. 30′

N° 4. *Idem*. 49ᵗ 56, 2ᵗ 46, 1 h. 35′.

La dépense de 2ᵗ 46 pour transporter 49ᵗ 56, comparée à celle du voyage de l'*Atlas*, qui a coûté en eau vaporisée 2ᵗ 69, prouve que la locomotive *Fury* qui présente une surface chauffée de 28ᵐ 55, a fourni un meilleur effet que la locomotive *Atlas*, dont le foyer ne contient que 20ᵐ 24 superficiels ex-posés à l'action du calorique.

N° 5. *Firefly*. 26 juillet, charge du train 42ᵗ 05, eau vaporisée 2ᵗ 78, durée du trajet 1 h. 40′.

N° 6. *Idem*. 42ᵗ 05, 2ᵗ 73, 1 h. 23′.

Ici, comme précédemment, l'on voit que les vo-lumes d'eau dépensés sont à peu près les mêmes, malgré la différence de vitesse des trains.

N° 7. *Leeds*. 15 août 1834, charge du train 89ᵗ 72, eau vaporisée 2ᵗ 71, durée du trajet 1 h. 35′.

N° 8. *Idem*, 38ᵗ 09, 2ᵗ 40, 1 h. 20′.

Dans l'expérience n° 7, où le train a pris une ma-chine de renfort, à l'effet de franchir une rampe in-clinée à 0ᵐ 011 par mètre, l'on voit que la quantité d'eau introduite pour l'alimentation de la chaudière est de $\frac{1}{9}$ en sus de celle indiquée au n° 4, correspondant exactement à des vitesses égales, et produisant un travail utile marqué par les nombres 49ᵗ 56 et 89ᵗ 72.

N° 9. *Atlas.* 23 juillet 1834, charge 198^t 55, eau vaporisée 3^t 74, durée du trajet 3 h. 17'.

Le convoi s'étant arrêté pendant 15 minutes, la
quantité d'eau vaporisée doit être réduite d'environ
0^t 20, soit 3^t 54.

Cette quantité comparée à la dépense d'eau par la
même machine, dans l'expérience du 31 juillet, où
elle n'a remorqué que 40^t 78, donne en différence
0^t 94.

La conséquence générale et très importante que
l'on peut déduire de ces résultats, est que la quantité
de vapeur engendrée par une chaudière de locomotive à des vitesses comprises entre 20 et 36 kilom.
par heure, *reste à peu près constante pour un même
trajet, quelle que soit la charge.*

CHAPITRE XIII.

DES PENTES POUR LES RAIL-WAYS D'ANGLETERRE.

—

Les deux grandes lignes de rail-ways qui traversent du sud au nord le royaume d'Angleterre, ont été exécutées à grands frais dans le but de dresser le terrain presque de niveau, sous des pentes qui n'excèdent pas 3 millièmes, sauf de faibles longueurs que les convois gravissent au moyen de la vitesse acquise.

Ainsi, de Londres à Lancaster par Birmingham et Preston, sur un développement de 385 kilom., on ne rencontre de fortes pentes que dans la partie appelée grand junction; encore la plus longue, celle de 5 kilom. 20, n'a que $0^m 0057$, et les autres ont moins de 2 kilom. d'étendue. Et, ce qu'il importe de faire remarquer, c'est qu'une nouvelle ligne de 73 kilom. de développement, qui s'ouvre en concurrence avec le grand junction, sous le nom de Manchester Stafford à Birmingham, semble avoir été entreprise pour fournir une plus grande vitesse au moyen d'un tracé qui se maintient presque de niveau par des travaux considérables en viaducs et souterrains.

Sur la grande ligne de Londres à Newcastle, par Leicester, Derby, Leeds et York, qui présente un parcours de 568 kilom., il n'existe pas une rampe, même de petite longueur, sous l'inclinaison à 4 millièmes.

Mais pour presque toutes les grandes lignes tracées de l'est à l'ouest, qui ont à franchir les montagnes qui coupent l'Angleterre du nord-est au sud-ouest, il a fallu admettre de fortes pentes dans le parcours des locomotives, ou faire usage d'un grand nombre de plans à câbles. En adoptant le premier parti, les ingénieurs anglais ont-ils fait ce qu'il y a de mieux? c'est là une question que nous aurons à étudier un peu plus tard.

Au reste, la plus importante de ces lignes, le rail-way de Londres à Bristol, est ouverte sous de très faibles pentes. Dans toute son étendue, qui est de 183 kilom., on n'a rien épargné pour arriver au maximum de vitesse; un souterrain de 2,800^m et beaucoup de travaux considérables ont été exécutés à l'effet de maintenir le rail-way presque de niveau; et pour franchir une rampe à 0^m 0095, on y emploie des plans à câbles.

En un mot, les ingénieurs anglais n'ont adopté les fortes pentes que lorsqu'il a fallu traverser une chaîne de montagnes, et dans quelques cas assez rares, pour gravir des monticules dont la hauteur ne dépassait pas la limite qu'un convoi peut atteindre avec sa vitesse acquise.

Dans les tableaux ci-contre, on trouvera indiqués la longueur et l'inclinaison des rampes au dessus de 4 millièmes, pour les huit grandes lignes du nord au sud et de l'est à l'ouest, qui sont ou achevées ou en cours d'exécution.

CHEMINS DE FER D'ANGLETERRE.

Tableau des quatre grandes lignes transversales dirigées de l'est à l'ouest.

savoir :

1° de Londres à Bristol.
2° de Liverpool à Hull.
3° de Carlisle à Newcastle.
4° d'Édimbourg à Glasgow.

DÉSIGNATION des LIGNES PRINCIPALES ET SECONDAIRES.	DATE de la concession.	LONGUEURS totales (kilom.)	LONGUEURS ensemble (kilom.)	PENTES FORTES de 4 à 6 millimètres — Long. (kilom.)	Chiffre (millim.)	de 6 à 9 millimètres — Long. (kilom.)	Chiffre (millim.)	supérieures à 9 mill. — Long. (kilom.)	Chiffre (millim.)
1re LIGNE OUEST. *De Londres à Bristol.* Chemin de Great-Western.	1835	183	183	8,»	4,4	7,7	7,8	2,5 / 2,4	10,4 / 11,2
Prolongement et bifurcation. Chemin de Bristol à Exeter.	1836	132							
— de Swindon à Cheltenham.	1836	64							
— de Cheltenham à Birmingham par Gloucester, ou de Gloucester à Birmingham.	1836	83							
2e LIGNE EST-OUEST. *De Liverpool à Hull.* Chemin de Liverpool à Manchester.	1836	50	266						
— de Manchester à Leeds jusqu'à Medley.	1836	80		10,3	5,6	4,6 / 6,5 / 1,7 / 3,3 / 3,2	6,3 / 6,7 / 6,2 / 6,7 / 7,3		
— de Leeds à Selby.	1830	39							
— de Selby à Hull.	1836	49	211						
Ligne secondaire. — de Manchester à Sheffield.	1836	65		3,2	5,7	6,» / 12,4 / 29,»	7,2 / 8,3 / 8,»		
— de Manchester à Boston.	1831	16		3,9	5,5				
— de Boston à Preston.	1837	23	104	7,6 / 1,5	4,5	4,8	7,1		
3e LIGNE EST-OUEST, *De Carlisle à Newcastle, ou plutôt de Maryport et Glasgow à Newcastle.* Chemin de Maryport à Carlisle.	1837	45		2,9	4,8				
— de Carlisle à Newcastle.	1829	100	145	2,6	4,4				
Prolongement et bifurcation. De Newcastle à Northshield.	1836	11		5,5	5,7				
Le Brandling Junction aboutissant à Southshield.	1835	13	24	1,4	5,»				
4e LIGNE EST-OUEST. *De Glasgow à Édimbourg.* Chemin d'Ayr à Glasgow par Paisley.	1837	70		3,»	5,6				
— de Glasgow à Édimbourg.	1838	64	134					6,2	9,4
Bifurcation. De Glasgow à Greenock.	1837	96	96					1,50	24,»
			1003						

CHEMINS DE FER D'ANGLETERRE.

Tableau des quatre grandes lignes longitudinales ou du nord au sud.

savoir :

1° de Londres à Lancastre.
2° de Londres à Newcastle.
3° de Londres à Brighton et Douvres.
4° de Londres à Southampton et Portsmouth.

DÉSIGNATION des LIGNES PRINCIPALES ET SECONDAIRES.	DATE à la CONCESSION.	LONGUEURS totales.	LONGUEURS ensemble.	PENTES FORTES de 4 à 6 millimètres. Long.	Calffre.	de 6 à 9 millimètres. Long.	Chiffre.	supérieures à 9 mill. Long.	Chiffre.
1re LIGNE. *De Londres à Lancastre.*				kilom.	milli.	kilom.	milli.	kilom.	milli.
Chemin de Londres à Birmingham.	1833	180		4. 8	5.6	4.20	plus sodul.	»	»
— de Grand Junction (*), ou de Birmingham à Newton.	1833	133		5.2	5.7	0.40 / 1.60	10.7 / 11.7	»	»
— de Liverpool à Manchester. *Pour mémoire. Voir plus bas.*				»	»	»	»	»	»
— de North union ou de Newton à Preston.	1830	40		»	»	»	»	»	»
— de Preston à Lancastre.	1837	39		»	»	»	»	»	»
(*) *Lignes réunies du Grand Junction.*		385	385	»	»	»	»	»	»
2e LIGNE. *De Londres à Newcastle.*									
De Manchester Stafford à Birmingham.	1837	73		»	»	»	»	»	»
De Crew à Chester.	1837	33		»	»	»	»	»	»
De Chester à Birchen head, en face de Liverpool.	1837	24	130	»	»	»	»	»	»
Chemin de Londres à Birmingham jusqu'à Rugley, Ci pour mémoire 100 kilom.									
— de Midland Curties ou de Rugley à Derby.	1836	92		»	»	»	»	»	»
— de North Midland ou de Derby à Leeds.	1836	116		»	»	»	»	»	»
— de York à North Midland, ou de Medley à York.	1836	44		»	»	»	»	»	»
— de Greath-North ou de York à Newcastle	1835	119	368	»	»	»	»	»	»
Ligne secondaire.									
De Birmingham à Derby Junction.	1836	77	77	»	»	»	»	»	»
3e LIGNE. *De Londres à Brighton et Douvres.*									
Greenwich à Croydon.	1835	14		»	»	»	»	»	»
Perth Eastern, ci pour mémoire 9.									
De Brelsum hill à Brighton.	1837	53	72	»	»	»	»	4	10
Bifurcation.									
Ligne du South-Eastern, ou communication sur Douvres.	1836	194	194	»	»	»	»	»	»
4e LIGNE. *De Londres à Southampton et Portsmouth.*									
Chemin dit le South-Western.	1834	148	148	5 pentes de 1 mill. à 1k. de vue grande d'élévation.		»	»	»	»
			1304						

CHAPITRE XIV.

DES PRIX DE TRANSPORT SUR LES CHEMINS DE FER.

—

Quand on a imaginé le mode de transport sur les chemins de fer, on s'est proposé de dépenser beaucoup moins de force que sur les routes ordinaires, d'abord en maintenant la circulation sur un sol à la fois uni et solide, en second lieu en s'écartant très peu d'une ligne de niveau.

On est parvenu, sur le rail-way de Londres à Bristol, à réduire la somme des résistances opposées à la locomotion, à environ le quinzième de la plus faible résistance sur les routes ordinaires. Mais à côté de cet avantage, l'on doit faire figurer les effets de destruction provenant de la grande vitesse des locomotives.

Pour donner une idée de l'importance de ces effets il suffit de dire que l'exploitation du *grand junction rail-way*, pendant le 2e *semestre* de 1839, a coûté 16,000 francs par kilom, soit 128,000 fr. par an pour une lieue de poste.

A ce taux, les 120 kilom. du chemin de Paris à Orléans coûteraient en frais d'exploitation, par an, 3,840,000 francs. Que l'on ajoute à ces énormes dépenses l'intérêt d'un capital d'au moins 1,400,000 fr. par lieue, et l'on reconnaîtra que pour assurer la réussite financière d'une entreprise de rail-way, il faut une circulation considérable et des tarifs élevés.

Si, avant l'exécution, il est impossible de préciser exactement les frais de premier établissement d'un rail-way, à cause de la nature des terrains à traverser ; pourtant ce serait vouloir se tromper que d'établir, pour les lignes qui rayonneront de Paris vers les frontières, le prix moyen du kilomètre au dessous de 360,000 francs, prix de revient du rail-way exécuté de Birmingham à la jonction du chemin exécuté de Liverpool à Manchester.

On ne pourra dépenser moins de 360,000 francs par kilomètre, que dans des circonstances rares et en laissant l'entreprise incomplète. A cet égard, l'on peut citer le chemin de fer de la Belgique, où l'on n'a exécuté qu'une seule voie sur un sol naturellement dressé, et qui occasionne chaque jour de nouvelles dépenses pour l'accroissement du matériel.

Le prix des places qui est de 4 et 5 centimes par kilomètre sur ce rail-way, pour les deux dernières classes de voitures, est forcément relevé tous les ans. Au prix de 4 centimes, toutes les classes de la société peuvent profiter des avantages d'une circulation rapide ; mais à 6 centimes, il est fort probable que la recette totale diminuerait beaucoup, et conséquemment que l'importance du chemin s'affaiblirait.

En Angleterre, les administrateurs ont bien compris que les prix de 4 à 5 centimes qui attirent les masses de voyageurs, dont la recette ne paie pas 3 $\frac{1}{2}$ pour % des dépenses d'un rail-way établi à raison de 150,000 francs par kilomètre, n'étaient pas applicables à des chemins dont la dépense d'exécution monte jusqu'à 3,130,000 francs par lieue, comme celui de Londres à Birmingham.

Elever les tarifs à peu près au prix des messageries, en se bornant, dans l'intérêt du public, à l'économie du temps, telle était pour les entreprises anglaises la première condition de succès. Les administrateurs l'ont bien compris, puisque la circulation a plus que doublé par l'établissement des rail-ways [1], en ne réduisant que faiblement les prix de transport sur les routes ordinaires.

Les Anglais tiennent tellement à économiser le temps des voyageurs que, malgré l'augmentation considérable des frais d'exploitation, on multiplie beaucoup les départs. Il y en a généralement dix par jour à chaque extrémité d'une grande ligne, tandis que sur le chemin de fer belge le nombre des départs est deux fois moindre, excepté pourtant dans la partie entre Bruxelles et Anvers.

Sur le grand chemin, dit grand junction rail-way, qui a fourni le plus fort dividende parmi tous les railways à grande vitesse, savoir : 11,7 pour cent, les tarifs pour les trois classes de voitures sont de 16 centimes $\frac{1}{2}$, 13 centimes $\frac{1}{2}$, 8 centimes $\frac{1}{2}$ par kilom., et il est à remarquer que le prix de 8 centimmes $\frac{1}{2}$ a produit la plus faible recette.

Pour le raïl-way de Londres à Birmingham, les prix des quatre classes de voitures sont de 22 centimes $\frac{1}{2}$, 21 centimes, 17 centimes $\frac{1}{2}$, 14 centimes $\frac{1}{2}$.

Pour le Great-Western, savoir : 22 centimes $\frac{1}{2}$, 19 centimes, 14 centimes, 12 centimes.

Et sur la promenade de Londres à Green-Wich, 21 centimes et 14 centimes.

---

[1] On a essayé sans succès d'abaisser les tarifs pour quelques railways d'Angleterre.

Le prix moyen sur les deux premiers fournit 18 centimes $^3/_4$ et 16 centimes $^3/_4$, à peu près le double de celui de nos grandes messageries.

En France, on attache tant de prix à l'argent économisé, et si peu aux heures dépensées péniblement dans les voyages, que presque partout on préfère les messageries aux malles-postes, afin d'épargner 15 à 20 pour cent sur les frais de route. Les habitudes d'économie y sont poussées à ce point que, si un railway fournissait pour 60 centimes le trajet de Paris à Saint-Germain en une heure, il ruinerait l'entreprise actuelle. Que l'on essaie d'élever à 1 fr. 50 cent. le prix des places des wagons de la dernière classe sur ce rail-way, et le nombre des voyageurs diminuera probablement de plus de la moitié.

Ce serait donc à tort que l'on compterait, pour les chemins d'Orléans et de Rouen, sur un grand accroissement de circulation par l'avantage de la grande vitesse en y appliquant le tarif des messageries. Cependant le chiffre actuel de la recette des voyageurs serait loin de suffire aux frais d'exploitation dans l'hypothèse de huit départs par jour, à chacune des extrémités de la ligne.

Sans vouloir rien fixer à l'égard du nombre des passagers sur ce chemin, citons quelques chiffres relatifs aux transports sur plusieurs rail-ways d'Angleterre.

De Liverpool à Manchester, prix moyen 13 centimes, le chemin total parcouru par les voyageurs étant divisé par la longueur du rail-way, 49 kilom. $^1/_2$, donne par jour, pour le 2e semestre de 1839, à peu près 1,850 voyages complets.

De Londres à Birmingham, longueur 180 kilomètres $\frac{1}{2}$, prix moyen par kilomètre 18 centimes $\frac{5}{4}$, la circulation totale durant le même semestre étant convertie en voyages complets, fournit le nombre 1,200.

De Birmingham à Liverpool et Manchester, longueur 182 kilom. $\frac{1}{2}$, prix moyen 16 centimes $\frac{5}{4}$ par kilomètre; le mouvement total, pendant le 2ᵉ semestre de 1839, converti également en voyages complets, donne par jour 800 voyages.

Le chemin de Liverpool à Manchester servant au passage de tous les voyageurs qui circulent entre les quatre plus grandes cités de l'Angleterre, il est naturel que le mouvement général y soit plus considérable que de Londres à Birmingham. Mais une observation remarquable à déduire des résultats ci-dessus, c'est que toutes les relations d'affaires entre Londres, Liverpool et Manchester n'aient fourni que 800 voyages complets, pour la circulation entre Birmingham et ces deux dernières villes. Cependant le prix de la dernière classe des voitures n'est que de 8 centimes $\frac{1}{2}$ par kilomètre pour ce parcours.

De ces divers exemples, il faut conclure que le service de nos grandes lignes de rail-ways devra s'effectuer d'une autre manière que celle des chemins de fer anglais, c'est-à-dire en réduisant le plus possible le nombre des départs à grande vitesse et en multipliant les convois à moyenne vitesse pour les voyageurs et les marchandises. Cette manière d'envisager la question des chemins de fer, ayant pour motif l'influence de la vitesse et du nombre des départs sur les frais d'exploitation, nous allons présenter d'abord quelques idées générales sur ces deux points, avant de compléter ce qui regarde la solution financière des entreprises pour nos grandes lignes de railways.

CHAPITRE XV.

—

Dans l'opinion commune, la dépense en coke doit être l'article principal pour les frais d'exploitation, mais lorsqu'on vient à comparer ceux du *grand junction rail-way*, par exemple, qui se sont élevés durant le 2ᵉ semestre de 1839, à. . . . . 2,126,532 fr. 00 avec le prix du combustible employé, savoir : 9,583 tonnes de 1,000 kilog. qui ont coûté 350,162 fr. 80 c. l'on voit que le rapport est de 6 à 1. Ce rapport ne serait pas de 10 à 1 [1], si la tonne n'eût coûté, au lieu de 36 fr. 54 cent., que 24 fr., prix très ordinaire en Angleterre.

Remarquons aussi que les frais de traction, y compris l'entretien des locomotives et des wagons, montent à environ la moitié du chiffre total des dépenses, et que les machines seules consomment en métal et main-d'œuvre au moins le *double* de la valeur du combustible employé.

[1] On a donné un grand nombre de formules pour déterminer l'influence des pentes et contre-pentes sur la dépense en combustible des machines locomotives; on a prétendu que l'on consommait beaucoup plus de coke en montant une longue pente inclinée à trois millièmes, que lorsque la machine court sur un rail-way de niveau; on a même condamné certains projets en faisant l'addition des hauteurs à franchir; mais la pratique des locomotives apprend à juger de la valeur d'un tracé, par le *sens* des pentes les plus faibles, sans égard au nombre des contre-pentes.

Au contraire, l'entretien des machines fixes donne un chiffre très faible pour la conservation des chau-dières et des pièces organiques de l'appareil moteur. Ici, c'est le combustible dépensé qui fournit l'article principal de la dépense, et sur les rail-ways, la main-d'œuvre, le métal employé dans les réparations et le renouvellement des locomotives constituent la plus lourde charge.

On conçoit, en effet, que le travail pour convertir à l'état de vapeur 15 à 1,600 kilog. d'eau en une heure, dans un appareil de locomotion *qui ne con-tient pas 1,000 kilog.* de liquide, ne peut se compa-rer à celui des grandes chaudières des machines fixes, qui renferment de 15 *à 20,000 litres d'eau en réserve.*

Une légère distraction de la part du conducteur d'une locomotive suffit pour que le niveau du liquide s'abaisse au dessous des parois destinées à dépouiller l'air brûlé de la majeure partie de son calorique, et aussitôt l'appareil est exposé à de graves avaries.

Le glissement des roues menantes est encore une cause de grande dépense. Il est presque inutile de dire que la force d'une locomotive se transporte aux points où ses deux grandes roues adhèrent sur les rails et qu'elle tend à les faire glisser, que le frot-tement créé en ces points donne une espèce d'engre-nage, et que la puissance appliquée tangentiellement aux roues agit sur les aspérités comme sur des appuis fixes pour opérer le mouvement progressif qui se transmet à toute la chaîne des wagons. Si le contact dont il s'agit vient à cesser pour l'une des roues me-nantes, et que l'adhésisn de la seconde soit insuffi=

sante, il est de toute évidence que le système des deux roues *glissera* sur les rails.

Dans le cas où les deux roues quitteraient à la fois les barres, il y aurait deux pertes de force : par choc et par glissement. L'un et l'autre de ces deux cas doivent se présenter très fréquemment et nuire beaucoup à la locomotion. Un fait qui semble le confirmer, c'est qu'une locomotive remorque facilement 20 wagons-diligences sur le chemin à large voie de Londres à Bristol, appelé Great-Western, avec une vitesse de 48 kilom. par heure ; tandis que sur le rail-way de Londres à Birmingham, dont les pentes ont pour limite un millième comme celles du premier, une locomotive ne traîne que 10 wagons-diligences, avec une vitesse de 36 à 40 kilom. Cependant les sections des cylindres ne diffèrent que dans le rapport de 3 à 2, et la tension de la vapeur ne peut s'élever à un plus haut degré dans les chaudières pour les machines de l'un et l'autre rail-way.

On voit déjà par ce résultat, que les forces de traction ne sont pas proportionnelles aux résistances à vaincre, pour des vitesses égales, et bientôt nous nous occuperons d'en découvrir la cause.

CHAPITRE XVI.

CONSIDÉRATIONS GÉNÉRALES SUR LES RÉSISTANCES
A LA TRACTION.

—

Depuis la réussite financière de l'entreprise du chemin de fer de Liverpool à Manchester, on s'est peu occupé, en Angleterre, des perfectionnemens tendant à réduire les prix de locomotion : on s'y est attaché à multiplier beaucoup les rail-ways, parce que la spéculation saisit toutes les branches d'entreprises qui promettent d'alimenter les nombreuses fabriques dont le pays s'enrichit journellement.

La rapidité des voyages est encore aujourd'hui le but des recherches des ingénieurs anglais, pour tout ce qui a rapport aux chemins de fer. C'est par la grande vitesse et non par la réduction des tarifs que les administrateurs de ces entreprises espèrent écarter la concurrence des lignes parallèles ; tandis qu'en France, c'est seulement par de faibles tarifs pour la locomotion que l'on peut attirer des masses de voyageurs sur les rail-ways.

Il faut donc faire des efforts pour diminuer à la fois les frais d'établissement et d'exploitation de ces nouvelles voies, si l'on veut relier promptement Paris avec les grandes cités du royaume.

Mais les dépenses d'établissement des rail-ways ne peuvent être réduites que dans les articles des travaux propres à dresser le terrain naturel selon les conditions d'un bon tracé ; conditions qui se résument dans l'emploi de très faibles pentes pour le parcours des locomotives, et de plans à câbles, quand il s'agit de franchir une étendue de plusieurs kilomètres, sous une forte inclinaison.

La distribution des pentes, dans un tracé de chemin de fer, est une question du plus haut intérêt.

A quelle pente doit s'arrêter le service des locomotives ? Peut-on, sans danger, monter et descendre avec ces machines des plans dont l'inclinaison est de 8 à 10 millimètres ? Faut-il, par raison d'économie, préférer l'usage des machines fixes à celui des locomotives dans le cas des fortes pentes ? Quelle est la hauteur maximum à laquelle un convoi peut monter, sans machine de renfort, sous l'impulsion acquise, en fixant la pente limite à 10 millièmes ? Voilà plusieurs problèmes dont la solution repose évidemment sur l'appréciation des résistances à la traction, eu égard à l'étendue du parcours sur une forte pente, et à la vitesse qu'il faut conserver à la locomotive pour qu'elle continue à fournir une vaporisation suffisante.

Avant d'aborder ces diverses questions, commençons par jeter un coup d'œil sur les élémens dont se compose la résistance d'un convoi remorqué sur un rail-way de niveau avec des vitesses variables.

Le premier élément de la résistance à la traction sur un chemin horizontal est l'effet que l'on nomme frottement, espèce d'adhérence que l'on suppose constante quelle que soit la vitesse pour le même poids transporté.

Dans les évaluations relatives au *frottement*, l'on s'est posé le problème ainsi qu'il suit : Si l'on considère un ensemble de wagons unis entre eux comme les anneaux d'une chaîne, le frottement total sera égal à celui d'un wagon *isolé*, multiplié par le *nombre* de chariots formant le convoi, c'est-à-dire que l'on n'a point supposé, 1° que la liaison des wagons doive modifier en aucune façon la dépense de force pour parcourir la même étendue d'un rail-way de niveau, abstraction faite de la pression de l'air; 2° que les frottemens puissent varier avec les vitesses de locomotion.

Ainsi, l'on est parti de l'hypothèse que si l'on parvenait à évaluer pour un wagon isolé la quantité d'action employée à le tirer horizontalement sur un kilomètre de longueur, avec une vitesse, par exemple, de 4 kilom. à l'heure; 20 chariots réunis en un convoi consommeraient vingt fois plus de force dans les mêmes circonstances, pour franchir l'étendue d'un kilomètre.

D'après cette convention, l'on a dû établir que si par les résultats de l'expérimentation on découvre que 20 wagons enchaînés à petite distance l'un de l'autre consomment moins de puissance dans le même parcours que 20 wagons qui circulent *séparément*, la différence doit appartenir à la pression de l'air, puisqu'il est admis que cette pression est la seule résistance qui varie dans les diverses circonstances du mouvement des convois sur les rail-ways.

En procédant ainsi, on est arrivé, par des expériences sur la vitesse acquise ou sur le chemin parcouru après la descente de divers convois sur un plan incliné, à faire la part des frottemens et la part des résistances de l'air atmosphérique contre les trains de wagons : on en a déduit que l'obstacle de l'air consomme une grand partie de la force motrice, à des vitesses considérables, et qu'il convient, pour diminuer cette dépense, de réunir un grand nombre de chariots dans chaque train de locomotive.

Mais dans cette répartion a-t-on tenu compte de toutes les circonstances qui peuvent faire varier la dépense de force? A supposer que les frottemens viennent à changer pour le même wagon circulant d'abord seul et ensuite dans la chaîne d'un convoi, que ces frottemens soient beaucoup plus forts dans le premier cas que dans le second, par l'effet des mouvemens oscillatoires, il en résulterait évidemment qu'en suivant la méthode qui vient d'être indiquée, l'on aurait exagéré la pression de l'air de toute la part due à cette circonstance.

Au surplus, ce n'est pas seulement la liaison des chariots qui peut avoir de l'influence sur les frottemens à vitesse égale; il suffit d'ajouter 1,000 kilog. sur un wagon déjà chargé de 4^t 50, pour déterminer une différence notable dans les pertes de force provenant de la locomotion par l'effet de la gravité.

Citons, à cet égard, les résultats de deux expériences déjà anciennes et rapportées dans un ouvrage publié en 1835 [1].

Le 29 juillet 1834, un tender pesant 4^t 57 fut abandonné à son poids, par un temps calme, sur le plan incliné de Sutton, qui fait partie du chemin de Liverpool à Manchester. Ce tender, après être descendu d'une hauteur totale de 12^m 22 sous l'inclinaison de 0^m 011, parcourut avec la vitesse acquise une

[1] Pages 120 et 121 du *Traité des Locomotives*, par M. de Pambour.

certaine étendue presque de niveau, et ne s'arrêta qu'à 1,956ᵐ du point de départ.

Le 31 juillet 1834, un autre tender, ayant la même forme que le précédent, mais plus chargé et pesant 5ᵗ 59, fut amené au même point et livré à l'action de la gravité : si les frottemens de diverses espèces étaient toujours proportionnels au poids du wagon et indépendans de la vitesse, comme l'un et l'autre tender offraient la même surface à la pression de l'air, ils auraient dû parcourir la même étendue de rail-way dans les deux cas [1]. Cependant le second a dépassé de 425ᵐ le point d'arrêt du premier, c'est-à-dire de plus d'un cinquième de la distance que celui-ci a parcourue.

Un rapprochement aussi simple était de nature à faire mettre en doute la possibilité d'appliquer aux frottemens des wagons sur les rail-ways, les lois générales concernant les différens genres de frottement déduites d'expériences faites sur des corps mus *à petite vitesse* qui n'étaient pas soumis aux oscillations, lois qui se traduisent ainsi qu'il suit : les résistances dues, 1° au frottement ordinaire de deux surfaces glissant l'une sur l'autre, 2° au frottement de roulement, dit du 2ᵉ ordre, 3° au frottement d'un essieu sur ses coussinets, sont proportionnelles à la pression des surfaces l'une sur l'autre, et indépendantes de la vitesse.

[1] Il est bien évident que si pour chaque mètre parcouru l'on devait retrancher la même fraction proportionnelle des nombres qui expriment la force motrice due à la gravité pour chacun des deux poids, la soustraction s'opérerait le même nombre de fois pour chacun des deux nombres, avant d'arriver à zéro, c'est-à-dire que le parcours resterait le même dans les deux cas.

Mais l'influence du mouvement *oscillatoire* dans les effets de traction sur les rail-ways n'a pas été pressentie, et l'on peut s'en étonner ; car il est difficile de ne pas admettre que les secousses qui se manifestent sur toutes les voitures dans la circulation à grande vitesse, ne consomment pas des forces tout-à-fait différentes de celles que l'on apprécie dans les expériences propres à constater les effets d'un frottement régulier.

Nous devons dire, il est vrai, que les expérimentateurs n'ont pas eu l'idée de mettre en regard les pertes de force provenant *d'un même wagon*, sous des charges diverses et circulant dans les mêmes conditions. Ils n'ont établi leurs comparaisons qu'entre les résultats de l'observation pour un et pour plusieurs wagons placés dans les mêmes circonstances ; de telle sorte que la moindre consommation de force, dans le cas d'un assemblage de voitures, pouvait être attribuée à la pression de l'air. Aussi, après avoir constaté [1] que 20 wagons réunis, pesant ensemble 111^t 86, parcourent, sous l'action de la gravité, une étendue de rail-way qui donne une perte de force de 3 kilog. 55 pour 1,000 kilog. transportés à un mètre, et qu'un seul wagon pesant 5^t 23, partant du même point que les précédens, a fourni une dépense de 5 kilog. 10 pour un tonneau transporté à un mètre, les premiers expérimentateurs ont cru pouvoir attribuer toute la différence entre les chiffres 5, 10 et 3, 55 à l'obstacle que l'air oppose au mouvement des wagons-diligences.

[1] Sur le rail-way de Liverpool à Manchester.

Ils ont d'abord supposé que la première voiture d'un train recevait *seule* la pression de l'air, c'est-à-dire que ce fluide n'agissait pas d'une manière sensible contre les surfaces masquées ; en conséquence ils ont partagé la totalité de la pression due à l'obstacle de l'air sur une *seule* voiture, 1° entre les 111^t 86 pour un convoi tout entier, 2° entre les 5^t 23 pour un wagon isolé, afin d'avoir, dans l'un et l'autre cas, la résistance par tonne pour l'unité de distance.

C'était presque à l'origine des entreprises de railway, en 1835, que l'on évaluait ainsi la pression de l'air contre les trains de wagons ; c'était à une époque où l'on n'avait pas eu le temps de s'occuper d'expériences sur les forces dépensées par la locomotion à grande vitesse, parce que beaucoup de questions plus importantes réclamaient les soins des constructeurs et des ingénieurs chargés de l'exécution des divers ouvrages d'art qu'il fallait perfectionner en même temps que l'on améliorait la machine locomotive.

Depuis cette époque, l'on a fait en Angleterre de nombreuses expériences, à l'effet de constater la part des forces perdues qu'il convient d'attribuer aux frottemens et à la pression de l'air atmosphérique, dans le travail de la locomotion à grand vitesse ; et au lieu d'avancer dans la solution du problème, il semble que de l'un et de l'autre côté du détroit, l'on ait été comme entraîné loin du vrai chemin qui pouvait y conduire. Pour s'en convaincre, il suffit de faire une seule application des derniers résultats publiés relativement à la pression de l'air.

Nous venons de dire que, en 1834, l'on n'attribuait

pas une valeur notable à la résistance de ce fluide contre les wagons *intermédiaires*. On se bornait alors à considérer l'effort exercé sur une paroi assez large pour masquer, par son étendue en tout sens, ce qui se trouvait à l'arrière du convoi. Mais, en 1839, on supposa que les surfaces intermédiaires devaient éprouver une certaine résistance, qui a été évaluée à environ 1 mètre carré pour un wagon-diligence de hauteur moyenne; et cette supposition est née du résultat d'expériences faites sur de petites cloisons et de petits prismes, mis en mouvement autour d'un axe fixe [1].

Il ne s'agit pas en ce moment de discuter cette nouvelle hypothèse; notre but est d'abord de rendre manifeste l'exagération du coëfficient calculé pour la pression de l'air sur la face antérieure d'un wagon-diligence circulant isolément.

Ce coëfficient, d'après un ouvrage récemment publié en France [2], doit s'exprimer par 0 kilog. 06875 pour un mètre carré de la surface antérieure d'un prisme trois fois plus long que large, en supposant que la vitesse soit d'un mètre par seconde. En multipliant ce chiffre par l'étendue de la paroi exposée au choc de l'air et par le carré de la vitesse en mètres, le produit, d'après les lois de la physique, doit présenter la valeur de la résistance opposée par le fluide au mouvement du wagon.

D'autre part, il résulte d'observations faites sur

[1] Ces expériences ont été faites à Brest par M. Thibault, officier de marine.

[2] 2e *Traité des Locomotions*, par M. de Pambour, page 140.

plusieurs rail-ways, que pour toutes les vitesses d'un convoi la résistance due aux frottemens divers, sans égard à la pression de l'air, ne s'élève pas à plus de 4 millièmes du poids transporté [1], ce qui veut dire que, pour faire avancer d'un mètre le poids de 1,000 kilog., on consommerait au maximum la force nécessaire pour élever ce poids à la hauteur de 4 millimètres.

Maintenant, si l'on suppose qu'un wagon-diligence pesant 4,000 kilog., par exemple, soit abandonné à sa pesanteur sur un rail-way qui soit incliné à $0^m 014$, comme la partie rapide du chemin de fer de Saint-Etienne à Rive-de-Gier; dans le parcours d'un mètre ce wagon dépenserait pour les frottements divers une force correspondant à 4 millimètres d'inclinaison, ce qui réduirait à 10 millièmes la force accélératrice due à la pente de $0^m 014$. En admettant que le wagon puisse circuler jusqu'à ce que la résistance de l'air fasse équilibre à cette force, ce qui rendrait le mouvement uniforme, on exprimerait le pouvoir dépensé par la pression du fluide, en prenant le produit de 4,000 kilog. par un centième, soit 40 kilog. élevés à la hauteur d'un mètre pour un mètre de chemin parcouru.

Recherchons actuellement quelle serait, d'après la loi admise pour les calculs de la pression de l'air, la vitesse du wagon correspondant à cette force de 40 kilog., et prenons pour première base le coëfficient déjà indiqué, soit 0 kilog. 06875.

---

[1] On estime maintenant ce coëfficient à $0^m,026$ dans les ouvrages qui se publient sur les chemins de fer en France; le docteur Lardner en Angleterre, l'évalue à $0^m,004$.

La surface antérieure d'un wagon-diligence de moyenne grandeur é tant évaluée, dans l'ouvrage déjà cité, à 5^m 50, la force de l'air contre cette étendue, pour la vitesse d'un mètre par seconde, s'obtiendrait en multipliant la pression par mètre, soit 0^m 06875, par 5^m 50, ce qui donne. . . . . . . 0 kilog. 3781.

En adoptant la proportion du carré des vitesses pour la résistance de l'air, et appliquant cette loi au parcours à raison de 11 mètres par seconde, le produit du carré de cette vitesse, par 0 kilog, 3781, soit 41 kilog. 75, serait la valeur de la force par mètre de chemin parcouru, provenant de la pression de l'air sur le wagon circulant avec une vitesse d'environ 10 lieues par heure.

Mais nous venons de trouver tout à l'heure que la force accélératrice due à la pente de 0^m 014, était, par mètre, de 40 kilog. On voit donc, par le rapprochement des chiffres 41 kilog. 75 et 40 kilog. que la vitesse de 10 lieues à l'heure suffirait pour balancer l'accélération d'un wagon sur un rail-way incliné à 0^m 014 : or, l'on sait par l'expérience de chaque jour, que sur cette pente il est difficile, même en se servant des freins, d'empêcher les wagons-diligences qui descendent de Saint-Etienne à Rive-de-Gier, de prendre une vitesse dangereuse ; par conséquent la résistance de l'air, évaluée à raison de 0 kilog. 06875 pour un mètre superficiel, est beaucoup trop forte ; toutefois si la proportion du carré des vitesses est vraie jusqu'au chiffre de 10 lieues par heure ; c'est-à-dire que les formules établies sur ces deux bases ne sont nullement applicables à la vitesse de 11 mètres par seconde, pour un wagon isolé.

En introduisant dans les formules pour la pression de l'air, l'hypothèse admise récemment, que les wagons intermédiaires ne sont pas à l'abri de la résistance de ce fluide par des surfaces capables de les masquer sur la ligne droite d'un convoi, on n'a fait qu'accroître les causes d'erreur; car, s'il s'exerce effectivement une pression de la part de l'air sur les voitures masquées, nous allons voir ce qu'elle a produit dans des expériences qui semblent complètes.

Ces expériences ont été faites en 1838, sur le rail-way de Liverpool à Manchester, pour un convoi de 8 wagons pesant ensemble 41ᵗ 36. On imprimait à ce convoi une vitesse *initiale* au moyen d'une locomotive qui, placée à l'arrière, se séparait de lui et l'abandonnait à l'action de la gravité, sur le premier plan de Madeley, à l'inclinaison de ${}^1/_{177}°$. Dans l'une des expériences, les espaces libres entre les 8 voitures ont été fermés au moyen de crampons et de toiles d'emballage, et dans l'autre, ils sont restés ouverts. Nous rapportons ci-contre les résultats obtenus et publiés dans le *Rail-way Magazine*, en faisant observer que sur le premier plan, le convoi a pu atteindre, dans l'un et l'autre cas, une vitesse uniforme qui indique la valeur totale des résistances de toute espèce opposées à la locomotion pour cette vitesse[1].

---

[1] Nous ferons connaître plus loin les détails de ces expériences qui ont été faites par le docteur Lardner.

	DISTANCE TOTALE parcourue.	TEMPS DU PARCOURS pour la distance totale.	VITESSE INITIALE.	VITESSE UNIFORME sur le plan incliné à $\frac{1}{177}$.	VITESSE au pied du plan incliné à $\frac{1}{265}$.	VITESSE au pied du plan incliné à $\frac{1}{350}$.	TEMPS DE LA DESCENTE sur le premier plan.	le deuxième plan.	le troisième plan.
8 wagons sans espace libre pour l'air.	13131^m	25' 39"	42469^m	40827^m	28967^m	19375^m	8' 2"	8' 47"	5' 31"
8 wagons à l'état ordinaire.	13464	25 39	37609	42131	30979	23093	7 53	8 32	4 57
Différences..	333	» »	4860	1304	2012	3718	0 9	0 15	0 34

Si l'on prend la supposition adoptée dans un nouveau traité sur les chemins de fer [1], que l'intervalle libre entre les wagons-diligences doit déterminer une pression notable de l'air sur les parois masquées, le convoi qui ne formait qu'un prisme par l'effet des toiles ayant reçu la plus grande vitesse, 42,469 mètres à l'heure, aurait dû atteindre sur le premier plan un mouvement uniforme plus rapide que dans le cas où l'air circulait librement entre les voitures lancées seulement à la vitesse de 37,609 mètres. Cependant l'on a observé un résultat tout contraire : le dernier convoi a pris une vitesse uniforme de 42,151 mètres, supérieure de 1,304 mètres à celle du premier qui ne s'est élevée qu'à 40,827 mètres. De plus, l'avantage en faveur du train à *espaces libres* s'est soutenu pendant toute la durée de l'expérience, tellement qu'au pied du troisième plan parcouru, il était presque le triple du chiffre de la première différence 1,304 mètres.

L'interprétation rigoureuse des valeurs du tableau ci-contre, en admettant que les frottemens de toute espèce sur les rail-ways restent constans sous la même charge, serait, que la circulation de l'air entre les voitures doit diminuer l'effet total de la pression de l'air sur un train de 8 wagons. En tout cas, il résulte de l'expérience dont il s'agit, qu'il n'y a pas lieu de maintenir l'hypothèse nouvelle introduite dans les formules sur la résistance de l'air, lesquelles donnent une valeur double, quand au lieu d'un wagon on en considère 6 ou 7 réunis.

Il suit de là qu'en prenant les résultats des expériences faites sur le mouvement de petits corps au-

[1] Par M. de Pambour, 1840.

I   12

tour d'un axe fixe, pour servir d'élémens aux formules destinées à l'appréciation des résistances sur
les trains de wagons, l'on a commis une erreur grave;
et que l'on ne doit pas, par suite de cette erreur, ac-
cuser d'inexactitude les résultats de l'observation
obtenus dans des circonstances diverses : car si l'on
répétait les mêmes expériences dans les deux cas,
l'on arriverait simplement à confirmer l'exactitude
des premières observations. C'est donc dans la différence entre les conditions de la circulation qu'il faut
rechercher la cause qui diversifie les résistances attribuées *exclusivement* à la pression de l'air entre les
corps en mouvement.

Quoi qu'il en soit, les formules nouvelles de 1840,
tout aussi bien que les formules anciennes de 1835,
établies dans plusieurs traités sur les chemins de fer,
et présentées avec la même assurance que si elles
eussent exprimé les propriétés du cercle, par exemple, ne sont pas plus sûres que les réponses des anciens oracles. Il reste même incontestable que les
auteurs qui ont mis beaucoup de travail à créer ces
formules auraient pu nuire au progrès de l'art des
chemins de fer, si les constructeurs déjà instruits par
la pratique ne se tenaient pas toujours en défiance
contre les déductions venues des lois de l'analogie,
par des considérations dites mathématiques.

Notre époque, fort remarquable par la foi au raisonnement qui vise aux formules, a peut-être besoin
de quelques leçons de l'expérience pour affaiblir le
prestige des théories physiques et des calculs par lesquels on espérait diriger la marche du progrès des
arts. On croit quelquefois avoir saisi les élémens

d'une loi nouvelle, dans le rapprochement de quelques résultats de l'observation ; on s'empresse de la
traduire algébriquement, et bientôt on s'aperçoit
qu'elle n'a aucune utilité pour la pratique.

Dans la question qui nous occupe, on a reconnu
assez promptement que la vitesse des wagons chan-
geait la valeur des résistances à la traction, et l'on
s'est hâté d'en rechercher la cause ; mais il était
d'autant plus difficile de la découvrir, qu'une an-
cienne théorie pose en fait l'*invariabilité des frottemens*, quand les vitesses viennent à changer. La
résistance de l'air se présentait alors comme la cause
toute simple des effets observés ; aussi l'on a élargi
constamment son pouvoir selon l'exigence des résultats constatés. On en est venu à lui assigner le rôle
des freins, pour ralentir suffisamment la descente
des convois sur les plans fortement inclinés ; on a
calculé enfin que la pression de l'air, selon les dernières formules de 1840, était capable de faire équilibre à un convoi pesant 100 tonnes, machine et
tender compris, quand la vitesse acquise sur une
pente à 8 millièmes aurait atteint, par l'action de la
gravité, une vitesse de 48 kilom. à l'heure. Or, d'a-
près ce qui précède, cette hypothèse est loin de s'accorder avec les résultats de l'expérience.

Au surplus, ce n'est pas seulement dans nos traités
que la pression de l'air contre les trains de wagons
a pris une valeur exagérée ; la théorie a fait encore
plus de progrès chez nos voisins d'outre-Manche,
parmi les hommes qui s'occupent des questions générales sur les chemins de fer. Nous allons en donner
la preuve dans le chapitre suivant.

CHAPITRE XVII.

DE L'INFLUENCE DES GRANDES VITESSES SUR LES RÉSISTANCES A LA TRACTION.

—

Dans toutes les recherches entreprises jusqu'à ce jour pour déterminer les résistances à la traction, on a supposé non seulement que la vitesse n'influait en rien sur la valeur des frottemens, mais encore qu'ils étaient identiques à vitesse égale pour un même convoi, soit qu'il fût *abandonné à son poids* sur un plan incliné, soit qu'il fût traîné de niveau par une locomotive. Cependant l'arrangement des wagons qui descendent sous leur propre poids pourrait bien entraîner quelques différences dans les effets oscillatoires par rapport à celui des voitures remorquées ; mais personne encore n'a jugé que ces effets soient de nature à occasionner une perte de force notable.

Pour le moment, nous nous bornerons à dire qu'ils ne sont pas sans importance. Les résultats que nous allons rapporter pourront d'ailleurs faire comprendre la nécessité de leur attribuer une valeur plus forte peut-être que la limite que l'on a cru pouvoir assigner aux frottemens.

Ces résultats appartiennent à des séries d'expériences faites en Angleterre, avec le concours des administrateurs de plusieurs rail-ways [1], pendant l'année 1838. Elles reposent sur le principe incon-

[1] Par le docteur Lardener.

testable que lorsqu'on livre à la gravité un convoi de wagons, après lui avoir imprimé une forte impulsion sur le palier d'un plan incliné, si ce convoi prend ensuite une vitesse uniforme, la somme des résistances de toute espèce pour cette vitesse devra s'exprimer par l'inclinaison du rail-way.

On a employé d'abord 4 wagons-diligences qui ont été lancés avec force par une locomotive, dans la direction du plan incliné de Whiston, dont la pente est de $1/96^e$ [1]. La marche du convoi s'est accélérée jusqu'à ce qu'il ait acquis la vitesse de 50,370 mètres, qu'il a *conservée* ensuite sur le reste du plan. L'expérience a été répétée [2] sous des pentes diverses avec les mêmes voitures portant des charges différentes, et toujours les convois ont atteint une vitesse uniforme. Enfin, pour dissiper les doutes de ceux qui attribuaient au petit nombre de wagons la résistance considérable mesurée, pour la vitesse uniforme, par l'inclinaison du plan, un train a été composé de 8 wagons-diligences, auquel on a imprimé une vitesse de 7 à 8 lieues à l'heure, à l'aide d'une locomotive ; et ce train, comme le précédent, est arrivé à une vitesse exactement *uniforme*, qui s'est maintenue à 58,739 mètres par heure sur la majeure partie de la rampe de Sutton, inclinée à $1/89^e$. D'où il suit que, pour les deux vitesses ci-dessus, la somme des résistances de toute nature opposées à la locomotion est de $1/89^e$ et $1/96^e$ du poids du convoi, *dans le cas d'une*

---

[1] Sur le chemin de Liverpool à Manchester.

[2] Le tableau ci-contre indique les vitesses uniformes acquises par des trains de 4, 6 et 8 voitures lancées sur des pentes dont l'inclinaison est exprimée en fractions décimales du mètre

impulsion initiale. Maintenant voici l'ensemble des résultats obtenus dans diverses circonstances de charge et d'inclinaison des plans, sur lesquels les convois ont pris une vitesse uniforme.

TABLEAU N° 1.

NOMBRE des wagons-dili-gences.	POIDS en tonnes du convoi.	DIRECTION ET INTENSITÉ du vent.	PENTE des plans en descente.	VITESSE UNIFORME acquise sur les descentes par heure.
4	15ᵗ. 84	vent arrière modéré.	0ᵐ 0104	50370ᵐ
4	18 . 28	Id.	0 0140	54265
4	18 . 28	Id.	0 00564	34197
4	20 . 82	Id.	0 00564	36853
4	20 . 82	Id.	0 0112	61555
4	20 . 51	Id.	0 00378	30818
6	27 . 92	vent debout modéré.	0 0112	51980
6	27 . 92	vent arrière modéré.	0 0112	60349
6	27 . 92	Id.	0 0104	55682
6	27 . 92	vent debout modéré.	0 0104	44738
6	35 . 04	vent de côté modéré.	0 0112	57452
8	37 . 06	vent arrière modéré.	0 0112	58739
8	41 . 38	Id.	0 00564	42085
8	41 . 38	vent de côté modéré.	0 00564	28484
8	41 . 38	calme parfait.	0 0112	50532

Nous ne nous arrêterons pas d'abord à comparer les valeurs des résistances à la descente des convois lancés avec vitesse du sommet d'un plan incliné, valeurs dont l'expression dépasse le centième du poids transporté à raison de 12 à 14 lieues par heure ; nous allons examiner de quelle manière l'on a opéré la répartition des forces perdues dans le cas dont il s'agit, et rechercher en même temps si les causes qui déterminent ces pertes de force se réduisent à de simples frottemens et aux effets de l'air atmosphérique.

Par la résistance de l'air doit-on entendre seulement l'effort qu'exerce le fluide contre la face *antérieure* des corps en mouvement, comme on l'a supposé dans les divers ouvrages publiés en France sur les chemins de fer; ou bien doit-on admettre la nouvelle théorie développée par le docteur Lardner en Angleterre?

Des expériences dirigées avec la plus grande précision ayant appris que les intervalles vides entre les wagons-diligences n'ajoutent rien à la somme des résistances opposées à la locomotion [1], et que des convois de 4 et 8 voitures acquièrent à peu près la même *vitesse uniforme* sur le même plan incliné, après avoir reçu une vitesse initiale; on doit en déduire que la principale résistance à la traction dans le cas du parcours rapide, ne provient pas de la *pression* de l'air sur les faces non masquées. En effet, si un convoi de 4 voitures rencontre de la part de l'air la même résistance qu'un autre train de 8 voitures semblables aux premières, le partage de cette résistance entre 8 wagons devrait fournir une diminution considérable pour les forces opposées au mouvement de ce dernier convoi relativement à celui de 4 voitures; or, d'après le tableau ci-dessus, la différence pour l'accélération de marche n'est pas même en faveur du train de 8 wagons, puisque dans les mêmes circonstances on a reconnu que les vitesses pour 4 et pour 8 voitures ont été de 61,555 mètres et de 58,379 mètres par heure. Il reste donc

[1] Voir le chapitre précédent.

évident, d'après ce résultat, que la surface antérieure
d'un convoi ne consomme qu'une faible partie des
forces employées à la traction [1]. Mais alors que deviennent les forces perdues?

Il résulte d'un grand nombre d'expériences pour
la petite vitesse, où la pression de l'air est nulle, que
la somme des résistances à la traction sur un rail-
way n'excède pas les 4 millièmes du poids en mouvement, quand le graissage des essieux s'opère avec
de l'huile. Par conséquent en supposant que les frottemens des essieux dans leurs boîtes, et des jantes
des roues sur les barres soient *indépendans* de la
vitesse des mouvemens, il resterait au moins 6 millièmes du poids du convoi pour les résistances dues à
la pression de l'air dans la circulation des voitures à
13 et 14 lieues par heure *sur un plan incliné*, c'est-à-
dire pour les résistances du fluide contre les diverses
faces des voitures.

Il est fort difficile, pour ne pas dire impossible, de
se figurer une résistance latérale énergique, de la
part d'un fluide aussi subtil que l'air, quand on sait
que le glissement de l'eau contre les surfaces latérales
d'un navire n'atteint qu'une petite fraction de la résistance du liquide contre la proue. Cependant l'auteur du tableau ci-dessus [2] n'a pas hésité à considérer
le *frottement* de l'air, ou en d'autres termes le *déplacement du volume de ce gaz*, comme la cause des
pertes considérables de force qu'il n'a pas cru pou-

---

[1] Il faut bien remarquer que nous raisonnons ici dans le cas de
la descente des convois sur un plan incliné, après qu'ils ont reçu
une impulsion initiale.

[2] Le docteur Lardner.

voir attribuer à l'adhérence des surfaces solides glissant ou tournant l'une sur l'autre.

Il estime que la résistance de l'air provient en grande partie du *volume des corps* en mouvement, et très peu de l'étendue des faces antérieures exposées à l'effet du fluide : ce qui revient à dire que le choc et le glissement de l'air contre les parois de côté l'emporteraient de beaucoup sur la pression directe exercée à l'avant d'un convoi [1].

D'après cette hypothèse on se rendrait compte de l'égalité de valeur des résistances totales sur des plans inclinés, pour des convois de 4 et 8 voitures qui atteignent la vitesse de 14 lieues par heure après avoir reçu une impulsion initiale, en comparant le développement des faces latérales des wagons, pour l'un et l'autre convoi. On décomposerait alors la résistance totale en deux parties : l'une constante, la plus faible, qui représenterait les frottemens des solides et resterait *indépendante de la vitesse des voitures ;* l'autre *variable*, la plus forte, qui suivrait la loi du carré des vitesses et exprimerait les forces employées à vaincre la *pression* et le *glissement* de l'air contre les faces de wagons, c'est-à-dire que la résistance du fluide fournirait toujours le chiffre principal dans les pertes de force pour la locomotion à grande vitesse, comme l'indiquent les formules des expérimentateurs français. Mais, dans le premier cas, il faudrait entendre par la résistance de l'air l'obstacle provenant du *volume déplacé*, et non la *pression* du gaz contre les faces *antérieures* des wagons.

[1] Si cela est vrai, comment les navires peuvent-ils marcher avec le vent qui frappe les voiles de côté ?

Il importe de dire que l'auteur anglais qui a énoncé cette nouvelle théorie n'a point négligé d'opposer des faits aux hypothèses par lesquelles plusieurs ingénieurs [1] ont essayé d'expliquer les valeurs considérables du tableau ci-contre pour les résistances à la traction. On a voulu faire valoir le degré d'influence de la forme et des dimensions des surfaces d'avant et d'arrière d'un convoi, mais les résultats des expériences ont à la fois confirmé les prévisions de l'auteur et diminué l'importance donnée à la pression de l'air sur les faces perpendiculaires à l'axe du rail-way.

Par ses expériences il a fait voir que l'élargissement de la devanture d'un wagon au moyen de saillies de peu d'épaisseur n'accroissait pas d'une manière sensible la pression de l'air sur le convoi ; il a pareillement démontré que la forme alongée en éperon, à l'avant ou à l'arrière d'un convoi, n'influe pas d'une manière notable sur les résistances opposées à la locomotion ; enfin il a donné la preuve qu'une locomotive débarrassée de l'action de ses bielles et unie à son tender marchait avec la même vitesse sur un plan incliné, que deux wagons-diligences dont le poids total était pareil à celui de la machine et du tender ; ce qui établit encore que la forme des surfaces non masquées ne participe en rien dans les changemens de vitesse des convois.

Par les expériences dont il s'agit, on est donc parvenu à démontrer clairement que les effets de l'air à l'*avant* et à l'*arrière* d'un convoi de locomotive, dans

[1] Entre autres, M. Brunel fils, ingénieur du chemin de fer de Londres à Bristol.

la grande vitesse, sont fort inférieurs à toutes les suppositions qui ont servi à édifier des lois et des formules algébriques pour calculer *rigoureusement* les pertes dues à la résistance du fluide dans le sens transversal.

Mais si cette dernière résistance ne consomme qu'une petite partie de la force employée à la descente d'un convoi sous une vitesse uniforme, qui fait équilibre au pouvoir de la pesanteur sur un plan incliné à $1/89°$, est-il probable que le *glissement* du gaz contre les parois latérales, ou le *déplacement du volume d'air*, avec les courans qui résultent de ce déplacement, puissent produire la majeure partie de la résistance totale? est-il probable que l'agitation de l'air autour d'un train de locomotive constitue une pression latérale alternative dont l'effet serait le même que celui d'un vent de côté soufflant avec force et pressant les couronnes des roues contre les rails? En un mot, peut-on concevoir qu'une pression due à des espèces de tourbillons d'air, sur les faces latérales des voitures, détermine l'emploi d'une force égale aux $7/10°$ du poids du convoi, en supposant que les frottemens des solides évalués à $4/10°$ restent *indépendans de la vitesse* estimée ici à 13 et 14 lieues par heure?

A défaut des plus simples rapprochemens, l'auteur de cette nouvelle hypothèse aurait pu s'éclairer par les résultats de ses propres observations consignées dans le tableau ci-dessus.

En comparant les expériences n°s 3 et 13 de ce tableau, on voit effectivement que sur le plan incliné à $0^m 00564$, avec un vent arrière modéré, un convoi

de 4 wagons-diligences a pris une vitesse uniforme
de 34,197ᵐ
et qu'un autre convoi de 8 wagons, descendant la même pente avec un vent
arrière modéré, a pris une vitesse uniforme de   42,085

Plus grande que la première de 7,888ᵐ

Dans ce cas le *volume* du second train deux fois
plus fort que le premier a donc été réellement favorable à la vitesse; et selon la théorie des résistances
proportionnelles aux volumes l'on aurait dû obtenir
une différence d'au moins 8,000 mètres en sens
inverse.

Nous n'oublierons pas de rapporter à côté de ce
résultat celui d'une autre expérience qui a servi de
base à la théorie dont il est question.

Après avoir disposé 5 voitures de manière que
leur chargement en rails pût être recouvert, pour
chacune, au moyen d'une caisse mobile qui avait les
mêmes dimensions que les caisses des wagons-diligences, on lança ensemble les 5 chariots, d'un poids
total de 30ᵗ 46, sur un plan de 0ᵐ 00564 de pente, et
le système dont la charge restait à découvert, atteignit
la vitesse uniforme de 36,616ᵐ

L'autre, au contraire, qui présentait
par l'addition des caisses une section
transversale de 2ᵐ 16 carrés en plus que
le précédent, n'a pu acquérir qu'une
vitesse de   27,361

Ainsi la différence en faveur du système à moindre section a été de . . .   9,255ᵐ

Mais une seule expérience de ce genre ne suffit pas pour asseoir une théorie nouvelle, alors que d'autres circonstances que le changement de section transversale peuvent influer considérablement sur la marche d'un convoi.

En se reportant à ce qui vient d'être dit plus haut, on trouve déjà une différence de 7,888 mètres capable de balancer la valeur du précédent résultat; et si l'on place en regard de la vitesse des 5 wagons couverts, ci . . . .   27,361^m

Celles de 8 wagons qui ont circulé sur le même plan de 0^m 00564 d'inclinaison, avec *vent de côté*, soit, d'après le tableau général   28,484

La différence est encore favorable au système des 8 wagons-diligences qui ont déplacé le plus grand *volume* d'air. Néanmoins le vent de côté paraît avoir nui beaucoup à l'accélération de marche, puisque le même convoi de 8 wagons, avec vent arrière, a fourni sur la pente à 0^m 00564 une vitesse uniforme de 42,085 mètres.

Des expériences de cette nature ne peuvent-elles pas servir également à créer deux théories contraires, et ne doit-on pas reconnaître que le désir de présenter des formules générales a fait de trop grands progrès dans l'esprit de la plupart des expérimentateurs ?

Passons actuellement à l'examen des valeurs de la résistance totale pour le mouvement des wagons livrés à la gravité.

Si l'on vient à comparer les chiffres de la vitesse uniforme rapportés dans le tableau n° 1, avec les

inclinaisons des plans de descente, on voit, 1° que la
pente à 0^m 00378 correspond à une marche vent arrière, de . . . .   30,818^m

  2° Que la pente à 0^m 00564 correspond à une vitessse moyenne vent arrière, de.   37,711

  3° Que la pente à 0^m 0104 correspond
à une vitesse de   63,439

  4° Que la pente à 0^m 0112 correspond
à une vitesse de   60,214

Peut-on dire que les quatre chiffres de ces vitesses
moyennes autorisent à se servir, dans tous les cas,
des formules mathématiques déduites de l'hypothèse
que la résistance sur les chemins de fer se compose
de deux parties, l'une proportionnelle au poids et
indépendante de la vitesse, l'autre proportionnelle
au carré de la vitesse? Et, dans ce qui précède, voit-
on qu'une partie considérable des résistances à la locomotion doive être attribuée à l'air atmosphérique?

Nous ne craignons pas de nous trop hasarder en
exprimant ici l'opinion, qu'il reste à étudier d'autres
causes de résistance que celles 1° de la pression de
l'air sur les wagons, 2° des frottemens *indépendans*
de la vitesse; qu'il serait convenable d'examiner si
les roues des wagons qui circulent à grande vitesse
ne quittent pas très fréquemment les barres d'un
rail-way; si le mouvement de ces roues n'a point
quelque rapport avec celui du petit palet qui ricoche
à la surface de l'eau; enfin, si quelque circonstance
non encore appréciée ne rendrait pas ce mouvement
plus nuisible à la locomotion pour la descente que
pour la montée des rampes.

L'hypothèse d'un mouvement oscillatoire s'accorde trop bien avec cette succession de chocs, de soubresauts, de mouvemens saccadés qui rend fatigante la circulation sur les rail-ways, pour qu'il ne paraisse pas naturel d'en faire la base de nouvelles études. L'effet des chocs successifs expliquerait assez clairement d'ailleurs les résistances qui établissent que la locomotion pour la descente des plans inclinés, con-somme des forces dont la proportion est loin de suivre les rapports entre les pentes des rail-ways parcourus. Alors il ne serait plus nécessaire d'attribuer à l'action de l'air atmosphérique une résistance évidemment exagérée ; mais il faudrait renoncer à l'application des lois du frottement qui font abstraction de la vitesse dans le cas du parcours sur les chemins de fer.

Avant de présenter de nouvelles considérations sur l'action oscillatoire des wagons, nous allons rapporter les divers tableaux des résultats d'expériences par lesquels le docteur Lardner a détruit plusieurs hypothèses déjà érigées en lois physiques, quoiqu'elles n'eussent pour base que des inductions fort contestables.

Le plus important, selon nous, est celui qui a pour objet de montrer le degré d'influence, sur la vitesse d'un wagon, de l'ajustement de deux larges madriers disposés en saillie sur les côtés de cette voiture. La surface des deux ailes était d'environ 2^m 16 carrés. On la fit descendre avec et sans les madriers, par l'action de la gravité, sur le plan de Sutton incliné à 0^m 0112 par mètre, et l'on observa les résultats ci-dessous indiqués.

TABLEAU No 2.

	POIDS.	DISTANCE TOTALE parcourue.	TEMPS employé à parcourir la distance totale.	MAXIMUM de VITESSE.
Wagon avec deux madriers en saillie.	5ᵗ. 63	2868ᵐ	9ʹ 10ʺ	30818ᵐ
Wagon ordinaire.	5 . 63	2933	9 2	34519
Différences. . .	» »	65	0 8	3701

Remarquons d'abord que dans des recherches de cette nature il conviendrait de répéter les expérien- ces un grand nombre de fois, afin d'obtenir une moyenne dégagée d'une partie de l'influence des causes non encore appréciées. Cependant tel qu'il est présenté, le tableau ci-dessus montre que les vitesses maximum ne diffèrent pas d'un huitième. Du reste, il serait possible que le chiffre 3,701 mètres fût trop faible ou trop fort, par suite d'une différence de po- sition au point de départ du wagon sur les rails. On serait admis à supposer ce chiffre trop élevé, en fai- sant observer que le parcours dans les deux cas n'a fourni qu'une très petite différence, environ $1/44$.

Cette supposition s'accorde au surplus avec les résultats du tableau nº 3, qui indique les différences de vitesse pour une locomotive et son tender, relati- vement à un convoi de deux wagons ayant le même poids que le premier, et livrés successivement à la gravité sur le plan incliné de Sutton, sous la pente 0ᵐ 0112.

TABLEAU N° 3.

	POIDS.	DISTANCE TOTALE parcourue.	TEMPS employé à parcourir la distance totale.	MAXIMUM de VITESSE.
Une locomotive et son tender. . .	11ᵗ. 56	4275ᵐ	11′ 37″	46670ᵐ
Deux wagons. . .	11 50	4183	11 40	45253
Différences. . .	» »	92	0 3	1417

Quoique la section transversale d'une locomotive ou d'un tender soit plus petite que celle d'un wagon-diligence, la vitesse du premier convoi a surpassé celle du second de 1,417 mètres par heure. Cela prouve qu'il ne faut pas trop s'en rapporter à des différences de $1/_{10°}$, puisqu'ici la plus grande section et le plus grand *volume* ont fourni la plus forte vitesse.

On trouve encore le même résultat dans le quatrième tableau qui fait connaître les vitesses obtenues 1° dans le cas d'une locomotive avec son tender et 4 wagons, 2° dans le cas de 6 wagons donnant le même poids que le précédent convoi. Les deux trains ayant été tour à tour abandonnés à la pesanteur, on en a déduit les observations suivantes.

TABLEAU N° 4.

	POIDS.	DISTANCE TOTALE parcourue.	TEMPS employé à parcourir la distance totale.	MAXIMUM de VITESSE.
Une locomotive, son tender et 4 wagons-diligences.	27ᵗ. 87	4632ᵐ	29′ ,″	49084ᵐ
6 wagons. . . .	27 . 88	4429	28 12	49888
Différences. . .	» »	203	0 48	804

On voit par ces chiffres que la forme de la devanture d'un convoi n'a pas eu d'influence notable sur la vitesse maximum acquise à la descente d'un plan incliné à 0^m 0112.

D'autre part, comme on supposait que la forme en éperon, tant à l'avant qu'à l'arrière, devait favoriser la marche des trains, on a entrepris des expériences diverses, toujours à la descente du plan incliné de Sutton, pour déterminer, par le maximum de vitesse, quelle était l'influence de ces diverses formes, et nous avons réuni dans un seul tableau les résultats des observations faites à ce sujet.

TABLEAU N° 4.

	POIDS.	DISTANCE TOTALE parcourue.	TEMPS employé à parcourir la distance totale.	MAXIMUM de VITESSE.
1 wagon avec éperon.	5^t. 43	3633^m	24′ 3″	39111^m
Id. ordinaire. . . .	5 . 43	3608	23 7	38145
Différences. . .	» »	25	0 56	966
8 wagons avec un éperon en tête. .	41 . 38	13171	26 48	38145
Id. sans éperon. .	41 . 38	13098	25 39	37614
Différences. . .	» »	73	1 9	531
4 wagons avec éperon en avant. . .	15 . 3	5043	13 1	51729
Id. ordinaire. . . ,	15 . 3	5043	13 25	51729
Différences. . .	» »	»	0 24	»
4 wagons avec éperon en avant et en arrière.	15 . 3	4761	13 50	51729
Id. avec éperon en arrière.	15 . 3	5096	13 45	49446
Différences. . .	» »	335	0 5	2283

En résumé, il suit de ce qui précède que les expériences entreprises pour arriver à une expression générale des résistances à la locomotion sur les railways, n'ont encore abouti qu'à constater l'omission d'une cause de perte de force considérable, provenant soit du glissement, soit des chocs répétés des roues sur les rails. L'inexactitude de l'un des coëfficiens, celui de la résistance de l'air, ayant été mise en évidence, il ne nous reste plus maintenant qu'à discuter les valeurs du coëfficient des frottemens dans les formules proposées pour déterminer les résistances à la traction.

CHAPITRE XVIII.

DES CAUSES QUI FONT VARIER LES RÉSISTANCES A LA TRACTION.

—

Quand on a voulu exprimer d'une manière précise les résistances dues à la traction sur les rail-ways, il a fallu d'abord fixer l'espèce d'unité à laquelle on rapporterait les valeurs cherchées. Comme il s'agissait dans ce cas de déterminer le travail utile d'un système particulier de machines à vapeur qui doit dépenser une partie de sa force pour se mouvoir, il n'était peut-être pas inutile d'avoir égard à l'influence de la grande vitesse du parcours sur les frottemens, et de bien examiner, en comparant beaucoup de résultats de l'observation, si cette influence ne change rien aux lois du mouvement établies sur les effets de la petite vitesse.

Les expérimentateurs n'ont fait à ce sujet aucune distinction. Ils ont posé en axiome que l'unité dynamique adoptée pour apprécier le travail des machines fixes, savoir : le poids de 1,000 kilog., élevé à la hauteur d'un mètre, devait servir également à mesurer l'effet réel des locomotives dans toutes les circonstances; c'est-à-dire que la valeur de l'unité dynamique doit, dans tous les cas, rester indépendante *du temps* employé à produire le travail qu'elle représente.

On conçoit que dans les travaux ordinaires où l'on n'a presque jamais besoin d'employer de grandes vitesses, comme dans l'exploitation des mines et dans les épuisemens, l'on n'ait pas eu à observer quelques erreurs peu importantes provenant de la définition de l'unité dynamique ; mais dans le service des transports sur rail-way, c'est l'économie du temps qui devient le but principal ; c'est la grande vitesse que l'on se propose d'obtenir au meilleur marché possible ; c'est, en un mot, l'influence du parcours rapide sur la consommation du combustible, sur l'usure des métaux, qu'il faut bien apprécier ; car si la vitesse à 14 lieues, par exemple, devait coûter moins que la vitesse à 7 lieues par heure, et que le service dans l'un et l'autre cas fût également exempt de danger, l'on comprendrait mal la question des chemins de fer en adoptant le mode de transport pour voyageurs à raison de 7 et 8 lieues à l'heure.

Mais à quelles observations, à quels résultats peut-on reconnaître que l'unité dynamique est affectée d'une cause d'erreur, quand on la suppose indépendante de la vitesse des mouvemens ?

Avant de faire connaître ces résultats, il est essentiel de montrer comment on ramène à l'expression des effets mécaniques, les résistances à la traction sur les chemins de fer.

Pour cela, supposons qu'un convoi du poids de 30 tonnes, par exemple, soit livré à l'action de la gravité sur une rampe à forte pente, suivie d'un rail-way de niveau, ou faiblement incliné ; si ce convoi, après être descendu d'une hauteur de 10 mètres, parcourt 3 kilom. avant de s'arrêter, l'on admet que

le quotient du nombre 10 mètres, divisé par 3,000
mètres, ci. . . . . 0^m 00333
exprime la valeur moyenne des forces consommées
pour transporter l'unité de poids à l'unité de distance;
en d'autres termes, que le transport du convoi, en
ne tenant pas compte de la pression de l'air, doit
dépenser au maximum par mètre, la quantité d'action nécessaire pour élever 30,000 kilog. à la hauteur de 0^m 00333, indépendamment du *temps* employé
et des moyens de locomotion.

En appliquant à tous les moteurs et à toutes les
vitesses le coëfficient des résistances, calculé comme
il vient d'être dit sur les effets de la gravité, l'on en-
tend évidemment que le convoi qui aurait acquis,
par son poids, la vitesse de 10 mètres par seconde,
ne pouvant, en vertu de cette vitesse, remonter qu'à
la hauteur maximum de 5^m 10, aurait consommé
dans la descente d'un plan incliné, la quantité d'action
propre à élever le poids dudit convoi à la hauteur
d'où il est descendu, moins 5^m 10. On admet que, si
le même système de wagons avait reçu d'une locomotive ou de l'action de la gravité la vitesse uniforme
et horizontale de 10 mètres par seconde, cette vitesse
exprimerait dans l'un et l'autre cas la quantité d'action capable d'élever verticalement à la hauteur
maximum de 5^m 10 le poids total de ce convoi; on
admet enfin que la nature des forces et la direction
du mouvement ne peuvent rien changer aux effets
de la vitesse.

Ainsi l'on estime la force d'impulsion aussi bien par
le carré de la vitesse uniforme qu'un système de corps
peut prendre sous un pouvoir *quelconque* durant un

intervalle de temps fini, que par les hauteurs verticales déduites de la chute des corps dans le vide ; parce
que l'on n'a jamais établi la possibilité d'une *modification* des forces dans les diverses circonstances du
mouvement.

Comme il n'est démontré nulle part que la modification dont il s'agit ne puisse pas avoir lieu à la
surface de la terre, il serait étrange que, dans le but
d'évaluer plus facilement les effets dynamiques, l'on
voulût, sans preuve, les placer tous sur la même ligne que les grandes lois du système planétaire.

Quoi qu'il en doive coûter à l'unité systématique
qui écarte l'idée d'une solution de continuité dans les
lois du mouvement des corps, on ne doit pas sacrifier
l'exactitude des faits à des hypothèses largement con-
çues, il est vrai, et méthodiquement arrangées dans
les belles théories qui font pour ainsi dire l'ame et le
corps des sciences mathématiques.

On ne dira pas qu'il faut respecter, par exemple,
cette supposition hasardée, qui considère la résistance
de l'air contre les corps en mouvement comme une
force retardatrice soumise à la loi du carré des vitesses,
alors que des résultats incontestables prouvent que
la pression du gaz atmosphérique a été mal définie,
et que, dans les grandes vitesses des convois, elle
devient presque une quantité constante.

On ne dira pas que les lois de la physique sont
assez solidement établies pour qu'il y ait erreur de
jugement à étudier avec soin les effets dynamiques
qui semblent poser des bornes à cette règle ; que les
forces vives restent toujours proportionnelles aux
carrés des vitesses uniformes des corps. Nous pou-

vons donc, sans nous écarter des limites où s'arrêtent naturellement les considérations de la pratique, essayer de mettre en évidence, 1º l'inexactitude des lois actuellement admises comme l'expression générale de la valeur des forces ; 2º l'erreur que l'on a commise en prenant pour l'unité dynamique une valeur indépendante du temps ; 3º la nécessité de ramener toutes les évaluations de force à des différences de vitesse.

Les résultats remarquables que nous aurons à comparer dans ce chapitre, appartenant en majeure partie à des observations prises sur le mouvement des convois du rail-way de Versailles, rive gauche, nous allons faire connaître les moyens qui nous ont servi à estimer les résistances que l'on suppose indépendantes des vitesses, savoir : les frottemens des essieux dans leurs boîtes, et ceux des roues sur les rails, dans les deux cas de la montée et de la descente des plans inclinés.

A son entrée dans Versailles, le rail-way, rive gauche, se relève de 9ᵐ 36 par une rampe inclinée à ¹/₁₀₀ₑ, qui finit à 379 mètres du heurtoir placé à l'extrémité de la gare de stationnement. C'est sur ce plan que se sont faites les expériences dont il va être question.

Commençons par prévenir que des raisons d'économie ayant fait adopter la graisse au lieu de l'huile pour la conservation des boîtes et des essieux de wagon, il en est résulté un tirage plus fort que si l'on y employait de l'huile, et qu'il faut attribuer à ce mode de graissage, en définitive fort avantageux [1],

[1] Nous le ferons voir ailleurs.

l'augmentation notable des résistances à la traction sur ce rail-way.

Dans les divers tableaux des expériences faites en Angleterre pour déterminer la valeur des résistances dans le parcours sans vapeur, l'on a constaté en général que le coëfficient ne dépassait pas les 0^m 0036 du poids d'un système de voitures ; tandis que sur le rail-way de Versailles, rive gauche, un convoi livré à son propre poids sous la pente à 0^m 004 ne prend aucun mouvement, et si on vient à lui imprimer une vitesse initiale, en peu de temps on la voit s'affaiblir d'une manière sensible, quel que soit d'ailleurs le degré de force de cette impulsion. La pente à 0^m 0036 est donc fort inférieure, dans ce cas, à celle qui exprime les valeurs des frottemens à petite vitesse. Voyons quelle est l'augmentation résultant du mode de graissage.

Un convoi de 6 wagons, dont 5 chargés, chacun de 2,000 kilog. de fonte, ayant été abandonné à son poids, par un temps sec et une petite brise, presqu'à la crête du plan incliné de Versailles, ce convoi a parcouru, avant de s'arrêter, une distance totale de . . . . 2,082^m.

Savoir : sur le plan incliné à $^1/_{100^e}$, 890 mètres, ce qui fait en hauteur de chute . . . .   8^m 90

Et sur la pente uniforme de 0^m 004, 1,092 mètres, ce qui donne une hauteur de chute de   4   76

Somme. . . . . 13^m 66

En divisant cette hauteur totale par le chemin parcouru, l'on a pour la somme des résistances à la traction, ci . . . . 0^m 00656

Un autre convoi de 3 wagons, portant 72 voyageurs et précédé de la locomotive appelée *la Rapide* avec son tender, ayant été livré à son poids au sommet du même plan incliné, l'on a observé la vitesse acquise immédiatement après le parcours sur ce plan, et l'on a trouvé [1] . . . . 8^m 35

Comme cette vitesse correspond à une hauteur de chute de 3^m 56, si on la retranche de la hauteur verticale que rachète le plan incliné, ci. . . . . 9^m 36 il vient 5^m 80 pour les pertes de force dues aux résistances dans le parcours des 936 mètres, soit par mètre, ci. . . . . 0^m 00619 résultat plus faible que le précédent, probablement à cause du poids de la locomotive dans le second convoi, et de la résistance due à la brise de vent de côté qui retardait un peu la marche dés voitures dans la première expérience sans locomotive.

On peut donc estimer à environ 6 millièmes du poids total la résistance moyenne opposée à la locomotion d'un convoi avec sa machine, pendant la descente d'un *plan incliné à un centième*, et pour des vitesses comprises entre 0 et 8 mètres à la seconde, quand les essieux des wagons tournent dans des boîtes à graisse [2].

Recherchons à présent la valeur des résistances dues à l'*ascension* des convois sur le même plan in-

---

[1] Le temps employé pour descendre le plan incliné a été de 3′ 15″.

[2] Les essieux des locomotives et du tender tournent dans des boîtes à huile sur tous les rail-ways; on essaie l'autre mode de graissage sur le tender de la *Rapide*.

cliné. Pour y parvenir nous avons dû nous attacher
à prendre le plus exactement possible la vitesse des
trains au pied de la rampe de Versailles, au moment
où ils doivent s'élever avec la vitesse acquise, sans
le secours de la vapeur.

En opérant avec la même machine tant à la montée qu'à la descente, pour arriver à la détermination
des résistances dans l'un et l'autre cas, il est clair
qu'un échappement de vapeur qui tendrait à faire
avancer la locomotive, malgré la fermeture du tiroir,
étant le même dans les deux sens, l'avantage de cette
force auxiliaire resterait du côté de la moindre vitesse.

Toute l'attention pour assurer l'exactitude des expériences consiste donc à intercepter le passage de
la vapeur au pied du plan incliné, et à bien évaluer
la vitesse réelle du convoi dans cet instant. Or, le
tracé du rail-way qui suit une courbe de 1,500 mètres
de rayon dans l'étendue où nous avons mesuré cette
vitesse, ne permet guère de supposer que sur une
longueur de 338 mètres comprise entre le mur d'enceinte de Versailles et le pied de la rampe, la marche
du convoi soit plus rapide à la fin qu'au commencement de ce parcours sur la pente uniforme de 0^{m}004
par mètre.

Du reste, c'est au moyen d'un instrument à secondes dont l'aiguille s'arrête à volonté, sous une légère
pression, que l'on a toujours mesuré le temps employé à parcourir l'intervalle de 338 mètres ; on a
même vérifié assez souvent la vitesse obtenue sur ce
bout de rail-way, par celle que constatait le temps
dépensé pour franchir l'intervalle d'un kilomètre,

entre les bornes milliaires les plus voisines du plan incliné.

Il n'est pas inutile de faire observer ici que le conducteur de la locomotive doit avoir tout disposé d'avance pour qu'il n'y ait pas de changement notable dans le degré de pression de la vapeur, durant le parcours des 338 mètres.

Cette condition ayant été remplie, le 21 novembre 1841, par un temps sec et calme, un observateur placé sur la locomotive nommée *la Rapide*, compta 25″ pendant le trajet sur cette étendue de 338 mètres. Le tiroir qui sert à introduire la vapeur dans les cylindres fut fermé en face du jalon posé à l'origine du plan incliné, et le convoi de 4 wagons s'éleva sur ce plan à une hauteur de . . . . 8^m 80 c'est-à-dire qu'il parcourut 880 mètres avant d'avoir épuisé toute sa vitesse, évaluée à 338^m 25, soit 13^m 52 par seconde, au pied de la rampe établie à $^1/_{100}$. d'inclinaison.

D'après la double supposition admise dans toutes les théories, que la vitesse horizontale d'un système quelconque est capable de le porter, en faisant abstraction des frottemens, à la hauteur verticale d'où un corps devrait descendre dans le vide pour acquérir verticalement cette vitesse, et que les carrés des espaces parcourus d'un mouvement uniforme, durant une seconde, sont proportionnels aux hauteurs de chute correspondantes, il s'ensuit que la quantité d'action ou la force initiale du convoi dont il s'agit, doit être représentée par une hauteur de . . 9^m 32

En faisant la soustraction entre ce chiffre et la hauteur effective de la montée, la différence   0^m 52

exprime donc la somme des forces perdues, soit par
les frottemens des roues sur les rails et des essieux
dans les boîtes, soit par la pression de l'air, dans
l'étendue de . . . . 880^m
c'est-à-dire que le quotient de 0^m 52 divisé par 880
mètres, ci. . . . . 0^m 00059
est la résistance moyenne par mètre.

D'autre part, cette résistance calculée à la descente
du même convoi ayant été tout à l'heure établie à
0^m 00619, de la comparaison de ces deux valeurs il
ressort, que la dépense en forces perdues serait environ *dix fois moindre* pour la montée que pour la
descente d'un même convoi par un temps sec et
calme [1].

On comprendra toute l'utilité de ce résultat pour
l'économie du tracé des chemins de fer, dès que nous
aurons fait connaître qu'une bonne locomotive, qui
acquiert son maximum de vitesse dans un parcours
de 600 mètres, pourrait regagner facilement sur une
courte pente à 0^m 004, la vitesse qu'elle aurait perdue
sur une pente trois fois plus forte. En passant sur un
2e plan incliné suivi d'une espèce de palier, la locomotive gravirait encore une certaine étendue de rail-
way sous la pente moyenne d'au moins 0^m 008 par
mètre, et elle pourrait continuer ainsi sa marche,
sans réduction du chargement qu'elle traînerait sur
une rampe à 0^m 004, et sans ralentissement notable

---

[1] Tout porte à croire qu'en appliquant les lois ci-dessus aux vitesses mesurées tant au pied qu'au sommet du plan incliné de Versailles, dans le cas d'une locomotive telle que *la Rapide* remontant
sans charge, nous arriverions à une valeur négative pour les frottemens dans le parcours du plan incliné.

dans la vitesse que prendrait l'appareil sur cette dernière rampe.

Pour rendre parfaitement sensible l'avantage de
cette succession de petits plans inclinés, supposons
qu'à la suite d'une rampe de 0^m 012 d'inclinaison et
de 600 mètres de longueur, l'on ait établi une autre
rampe de 0^m 004 et de la même étendue que la précédente. La hauteur totale rachetée par ces deux portions de rail-way s'élèverait à . . . . 8^m 60
ce qui donne par mètre courant une pente
moyenne de. . . . . 0^m 008

Mais nous avons vu qu'une locomotive lancée à la
vitesse de 13^m 52 par seconde, et remorquant 4 wagons-diligences, s'élève, par le seul effet de la vitesse
initiale, à . . . . 8^m 80
par conséquent cette même locomotive traînant
6 voitures, franchirait très facilement un petit plan
de 600 mètres incliné à 0^m 012, si elle était aidée
de la puissance totale de son appareil ; c'est-à-dire
que sa vitesse, immédiatement après l'ascension, se
trouverait réduite tout au plus de $1/5^e$ [1].

Au delà du sommet de cette rampe, l'appareil re-
prendrait promptement son maximum de vitesse,
puisqu'il circulerait sur un rail-way incliné à 0^m 004 ;
et parvenu au pied du deuxième plan incliné, il se
retrouverait dans les mêmes conditions qu'à l'origine
du premier plan à 0^m 012 ; ainsi la locomotive pourrait continuer indéfiniment son ascension avec les
6 voitures, en parcourant dans l'unité de temps à

---

[1] Nous indiquerons plus loin les expériences faites à ce sujet.

peu près le même chemin que sur une longue rampe
à 0ᵐ 004 de pente uniforme. En outre, il est bon de
faire remarquer que les fortes pentes occupant généralement, pour les trois quarts au moins de leur
étendue, le fond de tranchées profondes où les voitures trouvent un abri contre l'action du vent de côté
qui crée de grandes résistances à la locomotion, la
marche des locomotives serait moins ralentie pendant la montée des fortes rampes que dans le trajet à
découvert sur les portions de rail-way à faible pente,
toutes les fois que sur celles-ci la direction du vent
prendrait les convois en travers.

De plus, au retour de la locomotive, la descente
pourrait s'effectuer sans le secours des freins, sous
une vitesse qui n'excèderait que de très peu celle de
la montée, parce que si le tracé à redents favorise
dans un sens le mouvement des convois, il n'est pas
moins nuisible à la locomotion dans le sens contraire [1].

---

[1] A côté de l'expérience dont il s'agit et qui démontre l'avantage
de la vitesse de 10 à 12 lieues par heure pour franchir de fortes
pentes, selon le tracé que nous venons d'indiquer, n'est-il pas possible de placer, sinon l'énoncé des véritables causes de l'inégalité
des résistances pour la montée et pour la descente des rampes, du
moins une hypothèse propre à fixer les idées, à résumer les faits,
et à montrer une origine commune pour des phénomènes de divers
ordres, incomplètement expliqués par les lois de la physique actuelle.

Nous ne concevons, à dire vrai, aucun moyen d'y parvenir, sans
assigner à la gravité un pouvoir qui n'est point admis dans la mécanique spéculative. Ce pouvoir se rapporte au *temps* durant lequel
la gravité agit sur les convois, soit à la montée, soit à la descente
des plans inclinés.

Expliquons, par un exemple, notre idée au sujet de l'influence du
temps sur les effets relatifs de la gravité.

L'expérience prouve qu'un convoi qui arrive avec une vitesse de
16 mètres par seconde au pied du plan incliné de Versailles, lequel
rachète une hauteur de 9ᵐ 36, franchit ce plan sans le pouvoir de

Mais ce qui vient d'être dit de l'avantage d'un double
système de pentes pour les *vitesses à* 10 *et* 12 *lieues*
par heure, rend le maximum de charge de la loco-

l'appareil, et conserve encore au moins 4 mètres de vitesse, après
un parcours de niveau sur 350 mètres. Soit maintenant 80″ le temps
employé à monter les 936 mètres de rail-way à l'inclinaison de ¹/₁₀₀°;
nous admettons que la vitesse perdue durant ce trajet ascensionnel
par les forces *retardatrices* de la gravité, indépendamment des résistances dues aux frottemens de toute espèce, serait celle que le
même convoi pourrait acquérir sous son propre poids, dans la descente du plan incliné, pendant les 80″ qui ont été dépensées pour
l'ascension à 9ᵐ 36.

Ainsi, en supposant que cette dernière vitesse fût de 8 mètres par
seconde, il faudrait retrancher ce chiffre du nombre 16 exprimant
la vitesse initiale au pied du plan incliné, afin d'avoir une valeur
indépendante de la quantité d'action enlevée par le pouvoir direct
de la gravité durant l'ascension; tandis que, d'après les lois de la
physique actuelle, la soustraction à effectuer serait celle de la vitesse due à la hauteur de 9ᵐ 36, qui marque l'ascension réelle du
convoi. Cette vitesse étant de. . . . . $13^m\ 54$

il ne resterait en la retranchant de 16 mètres, que. . . . $2^m\ 46$

Au lieu que dans le premier cas, il resterait . . . . . . 8^m ,

pour la vitesse du convoi au sommet du plan incliné.

Maintenant nous allons faire connaître quelques motifs à l'appui de
notre hypothèse.

Ces motifs prennent leur origine dans la définition du pouvoir de
la gravité. La théorie actuelle lui suppose un effet simple, pour
déterminer le mouvement des corps dans une *seule* direction; or
l'examen réfléchi d'un grand nombre de phénomènes nous a conduit
à supposer que la gravité est le résultat de mouvemens complexes,
qui déterminent des *oscillations* analogues à celles du balancier
dans le pendule pour la mesure du temps.

Si les corps pèsent et gravitent par un va-et-vient *vertical* in-
cessant, si la gravité marque ses effets par des oscillations, espèces
de battemens réguliers qui aboutissent à une action dominante, il
est manifeste que l'impulsion horizontale fournie par un moteur,
transformera en petites trajectoires le va-et-vient vertical; que ces
petites trajectoires interrompues représenteront une succession de
petits ricochets; que le nombre des rencontres avec le sol diminuera
en raison directe de la vitesse du corps dans le sens horizontal;
enfin que les convois en mouvement sur les rail-ways *pèseront* et
résisteront d'autant moins, que le nombre des rencontres sera plus

motive entièrement dépendant de l'inclinaison des portions de rail-way qui succèdent aux petits plans

petit dans un parcours donné, ou que la vitesse horizontale sera plus grande.

Par la même raison les pertes de force dues à la gravité pendant l'ascension d'un convoi, indépendamment de celles qu'occasionnent les frottemens, ayant pour unité de mesure la durée d'une très petite oscillation selon la verticale ; plus le parcours du convoi à la montée sera rapide, moins il recevra de pulsations retardatrices, par conséquent plus il montera haut ; c'est-à-dire que les plus fortes inclinaisons des plans inclinés sont celles qui déterminent à la montée la moindre perte de force pour la *gravité*, la vitesse restant la même et les frottemens étant comptés à part. Or, ce résultat s'accorde parfaitement avec les effets des ondes liquides.

Essayons de faire voir le plus succinctement possible que la propagation des vagues et des grandes ondes sur l'Océan est l'expression fidèle de la propriété que nous venons de définir.

Les particules placées au point le plus bas d'une vague ou d'une lame réagissent à chaque instant sur les particules qui occupent le sommet du liquide dénivelé, et cette réaction varie en raison d'une différence très petite entre les hauteurs de deux vagues consécutives.

C'est du pied d'une onde à *grande base* que part la première impulsion des ondes plus petites appelées vagues pour l'agitation ordinaire, et lames pour le soulèvement par les tempêtes.

Les ondes à *grande base* apparaissent d'une manière parfaitement sensible dans l'Océan, à Saint-Jean de Luz, et c'est toujours dans un temps calme. Alors les fonds de sable deviennent mobiles à plus de 20 mètres de profondeur au dessous du niveau de basse mer : les rochers à 30 mètres sous l'eau deviennent des brisans ; des blocs de 8 mètres cubes sont entraînés ; des pilots enfoncés de 10 mètres dans le sable sont arrachés ; les murs de défense tombent dans les gouffres que la mer vient de creuser à leur base ; et le commandant d'un navire mouillé sur rade, préférant les chances d'un naufrage à la certitude d'une complète submersion, se hâte de faire couper les câbles de l'ancrage.

Ces grandes ondes de l'Océan paraissent avoir, à Saint-Jean de Luz, plus de 2 kilom. d'étendue à leur base.

Nous rapporterons ailleurs divers phénomènes de cette nature qui prouvent incontestablement que l'Océan est un assemblage de grandes ondes supposées, dont la surface se ride durant les tempêtes, par les vagues et les lames.

Les ondes du premier ordre se tiennent en équilibre sur les ri-

14

inclinés; il en résulte donc que pour franchir une
pente totale de 64 mètres dans une étendue de
16 kilom., par exemple, il conviendrait d'établir de

vages des mers sous un pouvoir de cohésion qu'on appelle viscosité
des liquides, et que l'on peut comparer à l'effet des frottemens du fond
d'un canal en pente, sur lequel se soutient presque sans mouvement
une nappe d'eau dénivelée. Le sommet de ces grandes ondes, dont le
balancement est imperceptible, parce qu'il se porte tout entier à la
superficie, se marque par la disparition du corps d'un navire, alors
que les mâtures restent encore visibles.

On suppose encore aujourd'hui que ce dernier effet appartient à
la sphéricité de la terre; mais des observations exactes apprendront
que le niveau des mers est une surface éminemment ondulatoire,
et que c'est par erreur qu'on lui a donné une figure qui marquerait
d'une manière rigoureuse la forme de la terre.

Durant les tempêtes, les ondes dont il est question éprouvent un
changement dans leur état d'équilibre; elles se décomposent en
ondes plus petites, celles-ci se brisent en lames, et l'agitation se
propage à de grandes profondeurs.

Nous n'irons pas plus loin dans l'exposé de ces effets successifs
qui peuvent conduire à l'explication du phénomène des marées, et
faire voir pourquoi ce mouvement oscillatoire ne se manifeste
qu'une fois par 24 heures, d'une manière peu sensible dans les ré-
gions équatoriales; tandis que dans le même temps il fournit deux
fortes oscillations sur les mers d'une partie du Continent d'Europe.

Remarquons ici qu'en jetant un coup d'œil rapide sur les phénomènes du mouvement des ondes liquides, nous n'avons pas perdu
de vue notre sujet. Il nous fallait arriver à faire saisir la cause du
mouvement ascensionnel des grosses masses qui protègent le pied
des digues à la mer, et pour cela nous avons dû établir la proba-
bilité d'un mouvement oscillatoire beaucoup plus large que celui des
vagues ou des lames auquel on attribue le déplacement des blocs.

L'impulsion qui *supprime* pour ainsi dire la *pesanteur* de ces
quartiers de roche, la nappe d'eau qui les soulève et leur fait franchir des digues élevées de 6 à 7 mètres, appartiennent à une onde
majeure dont les *oscillations primitives* sont plus *rapides* que celles
des élémens de la matière à l'état solide. En un mot les particules
liquides ont leur *gravité propre*, comme les autres particules qui
constituent les divers états de la matière; c'est-à-dire que tous les
mouvemens des corps doivent s'exprimer par des différences de vitesse. Nous le démontrerons ailleurs en traitant cette grande question dans tous ses détails.

niveau les paliers à la suite des petits plans inclinés,
en se réservant de faire varier l'étendue de ces plans
d'après la configuration du terrain naturel, à l'effet
de diminuer autant que possible les mouvemens en
déblais et remblais. Alors la locomotive traînerait à
grande vitesse, sur ce tracé à ligne brisée, un aussi
grand nombre de voitures que sur un rail-way tout-
à-fait de niveau.

Si les observations ci-dessus peuvent conduire à une
modification de l'art du tracé des chemins de fer à
grande vitesse, il n'est pas indifférent de rapporter
ici quelques effets d'un grand intérêt, qui semblent
se rattacher complètement aux causes d'où paraît dépendre l'inégalité des pertes de force dans les deux
cas de l'ascension et de la descente des convois sur
les plans inclinés.

Les effets dont nous voulons parler concernent
l'action des ondes de la mer, sous laquelle se dé-
placent des masses dont le poids dans l'air excède
15 mille kilog., et qui lance par-dessus le brise-lame
de Cherbourg des blocs de plus de deux tonnes.

On travaille depuis 6 à 7 ans à couronner par
une forte muraille en maçonnerie de mortier, les anciens enrochemens de la digue de Cherbourg. Les pare-
mens extérieurs, élevés presque d'aplomb, sont en
belles pierres de granit. Du côté du large, la base est
défendue contre la violence des lames par des blocs
d'une très forte dimension, qui forment la grève de
cet îlot artificiel.

Les fondations du mur brise-lame, dans la partie
que recouvre la basse mer, n'étant qu'un amas de petites pierres, les blocs qui les masquent servent de

garantie principale pour la solidité des constructions en maçonnerie.

Toutefois, l'inertie de ces lourdes masses ne suffit pas pour résister au choc de la mer durant les ouragans, qui reviennent à peu près tous les quarts de siècle dans les parages de la Manche.

En 1808, le 12 février, la digue de Cherbourg élevée sur les anciens restes des môles, et construite en îlot avec des blocs sans mortier, dont le *talus* semblait devoir arrêter l'effort des lames, fut presque engloutie en moins de vingt-quatre heures. Les casernes solidement établies en bois, les parapets, les mortiers et les canons d'un fort calibre, disparurent entièrement sous les décombres, et trois cents hommes, tant militaires que travailleurs, privés d'abri, périrent écrasés en partie sous une grêle de pierres et de blocs que les lames projetaient sur tous les points du terreplain de la digue.

On n'essaya peut-être pas alors de se rendre compte du *lancement* de ces espèces de projectiles dans les énormes gerbes d'eau qui couronnaient le massif de l'îlot et le dérobaient aux regards, quelquefois assez long-temps, pour que du rivage l'on pût craindre que le système entier ne fût englouti sous la mer.

Mais vingt-huit ans plus tard, en décembre 1836, les nouvelles constructions en maçonnerie de mortier essuyèrent une tempête presque aussi violente que celle du 12 février 1808. L'enrochement au nord de la muraille brise-lame, remanié par les vagues, glissa en grande partie vers le pied du talus; de larges escarres pratiquées dans les fondations, mirent en porte à faux une certaine étendue de la grande muraille en maçonnerie, qui, par suite de cet affouillement, se déchira dans le sens de la longueur; enfin plus de 400 gros blocs passèrent du nord au sud avec les flots, en franchissant une barrière de 7 mètres de hauteur sur 10 mètres de large.

Pour cette fois il était impossible de contester l'effet ascensionnel des vagues sur des masses du poids de 2 à 3 mille kilog., qui avaient dû suivre la même trajectoire que les gerbes d'eau; car aucun bloc n'avait été versé dans l'enrochement au sud de la muraille (de ce côté les fondations sont tout entières en petits matériaux), et après la tempête on y voyait plus de 400 quartiers de roches [1].

En déferlant sur le talus nord, les lames roulaient les blocs et les entraînaient dans le ressac; or, pen-

[1] Voici un extrait du rapport du surveillant resté sur la digue et qui a constaté les effets de la tempête de 1836.

« La nuit du 25 au 26 a été affreuse; la force du vent ou plutôt de « l'ouragan, le bruit des lames déferlant avec une violence terrible, « les chocs répétés des blocs roulant avec fracas le long du mur « d'enceinte, nous offraient l'idée d'une destruction inévitable..... « Les marins surtout ont beaucoup souffert : obligés d'abandonner « leurs embarcations dans la crainte d'être noyés ou écrasés par les » moellons que la mer roulait avec impétuosité dans le port, ils « sont venus au milieu de la nuit nous demander un abri.....

..... « Au jour nous avons pu voir distinctement à travers les lames « de grandes brèches; le mur de garantie en partie détruit jus- « qu'aux fondemens.....

..... « A la basse mer, quoique les lames déferlassent encore sur « le quai, nous avons été visiter les travaux, et la réalité était en- « core plus affreuse que l'idée que nous nous faisions des avaries. » Suit le détail de 17 brèches d'une grande longueur.

..... « On a remarqué avec le plus grand étonnement, que de forts « blocs du nord ont passé par dessus le mur et sont tombés sur « la risberme sud.

« Trois caisses de leton ont été portées du nord au sud à une « distance d'environ 10 mètres..... » Ces caisses cubaient 6 mètres.

dant le temps qu'ils restaient *flottans* dans les vagues, il est à supposer que la puissance ascensionnelle des grandes ondes aura saisi ces lourdes masses, qu'elles auront perdu la majeure partie de leur poids sous les vives impulsions du liquide, et qu'elles ont pu s'élever d'au moins 7 mètres à partir du point de départ, traverser le brise-lame et tomber de l'autre côté, sans s'arrêter au sommet de la digue.

Au surplus, quelle que soit la cause de cet effet extraordinaire, il nous paraît évident qu'elle se rattache à celle d'où résulte l'inégalité entre les forces perdues à la montée et à la descente des convois. Après cette digression, que nous ne croyons pas inutile, hâtons-nous de reprendre la suite de nos expériences sur les résistances à la locomotion.

Dans la journée du 23 novembre 1841, il a été fait de nouvelles observations pour déterminer la valeur des forces perdues pendant la montée du plan incliné de Versailles, le convoi étant livré entièrement à son impulsion initiale.

L'intervalle de 338 mètres avant le plan incliné ayant été franchi en 28″, 3 secondes de plus que dans la précédente expérience, la vitesse par mètre n'a été, au pied de la rampe, que de 12^m 07 par seconde, et le convoi n'a pu parcourir, sur le plan incliné, que 660 mètres, soit en hauteur verticale. . . 6^m 60

Pour une vitesse de 12^m 07, la hauteur de chute d'un corps dans le vide correspond à. . 7^m 44
En conséquence la somme des forces perdues dans le parcours des 660 mètres, plus la résistance des pompes alimentaires qu'on avait oublié de fermer, s'exprime alors par.   0,84

Divisant ce dernier chiffre par 660, il vient $0^m 00095$ pour la résistance moyenne par mètre; c'est-à-dire environ le sixième de la résistance 0,00619, évaluée dans le cas de la descente de la même locomotive avec le même nombre de wagons.

Maintenant doit-on attribuer à la résistance additionnelle des pompes alimentaires l'excédant de résistance dans cette deuxième épreuve sur la valeur obtenue dans la première, ci. . . . . . . $0^m 00059$ ou bien doit-on admettre que la modification des lois du mouvement est plus sensible à la vitesse de $13^m 52$ qu'à celle de $12^m 07$?

Pour résoudre cette question d'une manière concluante, il est clair qu'il faudrait multiplier beaucoup les expériences sur la même locomotive, par un beau temps, sans vent de côté; et le nombre des jours où les circonstances restent à peu près les mêmes pour la locomotion est extrêmement restreint. Cependant nous espérons pouvoir constater l'influence de la vitesse sur les pertes de force, sinon par la montée des convois, du moins par un procédé qui n'exigera ni l'emploi de la même locomotive, ni une forte inclinaison pour le rail-way.

Voici maintenant les résultats d'expériences faites pareillement, le 23 novembre 1841, sur une autre machine, nommée *Eure-et-Loir*, mise en service depuis peu de temps, et qui n'a pas encore les mouvemens *libres* comme *la Rapide*.

Parvenue au pied du plan incliné de Versailles, avec une vitesse de $22''$ pour 338 mètres de parcours, cette locomotive n° 16, ayant ses pompes *fermées*, a pu franchir toute l'étendue du plan, sans avoir perdu sa vitesse initiale. Comme il eût fallu, pour épuiser le reste du mouvement sur un rail-way de niveau, retarder de deux ou trois minutes l'arrivée du convoi, le conducteur a réintroduit la vapeur dans les cylindres après un parcours de 50 mètres, et l'expérience n'a pas été complète.

Toutefois l'on peut constater encore par ce troisième résultat l'influence du mode de locomotion pour diminuer les pertes de force. Si elle n'est pas aussi prononcée que dans les deux expériences sur *la Rapide*, cela s'explique par des résistances propres à l'appareil.

La vitesse initiale du convoi ayant été de 338 mètres pour 22 secondes, c'est par seconde. . 15^m 36

Pour arriver à cette vitesse, la hauteur de chute d'un corps serait de. . . . . 12^m 03
comme la hauteur effectivement franchie est de. . . . . 9^m 36

La différence. . . . . 2^m 67

exprime donc la quantité d'action perdue sur le parcours des 936 mètres, plus 50 mètres de niveau, soit au minimum par mètre, eu égard à la résistance des pompes alimentaires et à la vitesse restant au sommet du plan incliné, ci. . . . . 0^m 0027
Ce qui fait un peu moins de la moitié du chiffre de la résistance pour la descente du convoi avec la locomotive *Eure-et-Loir*, ainsi que nous le montrerons un peu plus loin.

Deuxième expérience avec la locomotive *Eure-et-Loir*, le 28 novembre 1841, par un temps sec, vent faible, les deux pompes *ouvertes*, cette machine ayant

parcouru en 21″ les 338 mètres, sa vitesse a été par
seconde de. 16ᵐ 09

Avec cette vitesse initiale, le convoi a franchi le
plan incliné, plus l'intervalle de 379 mètres au delà,
jusqu'au heurtoir, et arrivé près de ce point, sa marche d'environ 4 mètres a la seconde, s'est épuisée
sous la résistance des freins.

Pour acquérir dans le vide la vitesse de 16ᵐ 09,
un corps grave devrait tomber de la hauteur de 13ᵐ 20

Comme l'inclinaison de la rampe a fourni une hauteur effective de. 9ᵐ 36

La dépense de force sur tout le parcours et aussi
par l'action des freins, à l'extrémité de la course,
doit s'exprimer par. 3ᵐ 84

En divisant cette hauteur 3ᵐ 84 par le chemin total 936 plus 379 mètres, l'on a pour la quantité d'action moyenne dépensée par mètre, y compris l'effet
des freins, ci. 0ᵐ 00282

Résultat peu différent de celui de la première expérience pour cette locomotive, mais qui aurait été
beaucoup plus faible si le convoi avait pu perdre sa
vitesse de 4 mètres sur le prolongement du rail-way.

Au retour, vers Paris, la même machine, avec un
convoi de 4 voitures, a descendu le plan incliné sans
le secours de la vapeur, les pompes alimentaires étant
fermées. Elle a employé 3′ 20″ pour parcourir le
plan, et 25″ pour franchir 200 mètres sous la pente
à. . . . . 0ᵐ 004.

La vitesse au pied du plan étant à peu près celle
du mouvement sur les 200 mètres, c'est par seconde. 8ᵐ 00

tandis que pour *la Rapide*, cette vitesse a été trouvée
de . . . . 8^m 35
on voit par là que ces deux locomotives, qui sont de
la même force, ont consommé à peu près une égale
quantité d'action en descendant le plan incliné de
Versailles.

Une troisième machine, de la même dimension que
les deux précédentes, ayant été abandonnée le même
jour, 28 novembre, à l'action de la gravité au sommet dudit plan, alors que la brise s'était élevée et
frappait obliquement le convoi, la vitesse au pied de
la rampe a été trouvée de 7^m 14, c'est-à-dire qu'alors
la résistance totale exprimée par la différence entre
la hauteur de chute correspondant à cette vitesse,
soit. 2^m 60
et la hauteur rachetée par le plan incliné,
ci. . . . . 9^m 36
serait de. . . , ... 6^m 76
soit en moyenne par mètre.. . . . . . . 0^m 00722

Ainsi, une faible brise de côté avait accru la résistance d'environ un sixième.

Maintenant, si le profil du rail-way se rapporte
bien aux repères marqués sur le terrain, si toutes les
mesures qui ont servi à constater les résultats ci-dessus sont bien exactes, si les observations ont été ré-
pétées par diverses personnes étrangères aux vues
qui ont conduit à entreprendre ces expériences, enfin
si l'on s'occupe de les renouveler toutes les fois que
le temps le permettra ; ne faudra-t-il pas de la con-
cordance de tous les résultats ainsi obtenus et qui
seront consignés dans un tableau général, tirer les
conséquences suivantes : que les quantités d'action

consommées deviennent très petites pour les grandes vitesses des convois, et que les forces qui impriment les vitesses uniformes obtenues sur les rail-ways, ne se règlent point comme les effets de la gravité dans le vide.

L'étude de ces questions qui se rattache évidemment à la théorie des forces, ne devant trouver place dans notre ouvrage que sous les rapports pratiques, en tant qu'il en peut résulter des économies pour l'établissement des rail-ways, ou pour le service de leur exploitation, nous nous contenterons de rapporter dans ce chapitre les faits principaux qui concourent à prouver : 1° que les résistances à la traction, pour les convois des locomotives, sont de beaucoup inférieures aux résistances qu'éprouvent les mêmes convois abandonnés à la gravité ; résultat qui annule les formules générales déduites de la valeur des forces perdues à la descente des plans inclinés ; 2° que les résistances opposées à la locomotion, loin de s'accroître indéfiniment avec les vitesses, diminuent, au contraire, lorsque la marche des convois dépasse une certaine vitesse, que les fortes locomotives atteignent facilement.

Pour montrer encore jusqu'à quel point les évaluations des pertes de force par la traction ont été exagérées, mettons en parallèle un fait récemment constaté, et les appréciations théoriques sur la pression directe de l'air, qui ont fait dire que cette pression peut servir de frein dans le parcours rapide, à 12 et 15 lieues par heure.

Un convoi de 3 wagons, traîné par *la Rapide*, a parcouru, le 21 novembre 1841, par un vent debout très fort, en 20″, l'espace de 338 mètres compris entre le mur d'enceinte et le pied du plan incliné de Versailles; ce qui fait 1,014 mètres par minute. Or il est établi par beaucoup d'observations que, dans un temps sec et calme, la même machine ayant ses pistons en très bon état, ne peut remorquer 3 voitures sur la rampe à 0ᵐ 004, qu'à la vitesse de 1,050 mètres par minute, que c'est là en un mot le maximum de son effet. Donc le vent de tempête, qui n'agit pas obliquement à un convoi, ne lui enlève guère que le vingt-cinquième de sa vitesse totale, dans le parcours à 15 lieues par heure. Comment accorder ce résultat avec celui des formules où la pression de l'air à cette vitesse *vaut* la puissance entière de l'appareil ?

Si les premiers expérimentateurs s'étaient aperçus que la plus grande résistance à la traction vient du vent en travers; qu'une faible brise de côté diminue de plus de ¹/₅ᵉ la vitesse des convois, dans le parcours rapide ; que de fortes bourrasques la réduisent quelquefois à 4 et 5 mètres par seconde ; ils se seraient probablement moins préoccupés des effets de la pression directe de l'air sur les voitures, et nous serions plus avancés dans la science des chemins de fer. Quelques comparaisons faciles auraient appris que la puissance du vent de côté tient à ce que les voitures n'ont pas un contact permanent avec les rails, qu'elles sont pour ainsi dire comme le flotteur sur l'eau; attendu que si elles pesaient incessamment de tout leur poids sur les barres, la force du vent parviendrait plus tôt à renverser les wagons-diligences qu'à les faire glisser perpendiculairement à la voie.

Mais si les roues des voitures quittent les rails dans le parcours rapide, celles des wagons doivent développer moins de chemin que ne l'indique le mouvement progressif du convoi ; et les roues menantes des locomotives doivent fournir au contraire un plus grand développement, puisqu'elles reçoivent l'impulsion de la vapeur, qui a une vitesse 150 à 200 fois plus grande que celle des pistons. Il devrait donc y avoir un glissement dont les traces sur les roues menantes seraient plus sensibles que sur celles des autres voitures, et dont l'effet se manifesterait particulièrement dans les jours où un grand vent souffle de côté sur les convois.

A cet égard nous pouvons citer un résultat éminemment surprenant, quelle que soit d'ailleurs la cause qui l'ait produit.

Une locomotive de construction française, employée deux jours par semaine, le samedi et le dimanche, sur le rail-way de Versailles, rive gauche, et tout-à-fait remarquable par sa grande vitesse, a détruit une bande de roue menante par le travail de quelques heures dans un jour de pluie, avec un vent de tempête qui soufflait obliquement à la marche des convois.

Voici le genre d'avarie éprouvé par cette roue.

Le cercle qui porte le mentonnet servant de guide, remplit, comme l'on sait, la même fonction que les cercles en fer qui serrent les jantes des roues de voitures ordinaires : il consolide le système des rayons en fer, en les pressant énergiquement contre le moyeu. Sur le côté du cercle il s'est opéré, dans une étendue d'environ 50 centimètres de longueur, une déformation tout-à-fait extraordinaire : le métal a glissé d'une manière presque uniforme, dans une partie qui n'était peut-être pas parfaitement corroyée, et s'est *accumulé* à l'opposé du bourrelet, en dehors de la jante, sous une forme régulière qui représente un segment con-centrique au système de la roue. Cette nouvelle saillie, sur le plan de la jante, n'a pas moins de 2 centimè-tres dans le sens de la figure conique qui termine la bande circulaire en contact avec les rails. L'épais-paisseur de cette espèce d'excroissance est de 12 à 15 millimètres, et la cohésion du métal, à en juger par le brillant des surfaces, n'a souffert aucune alté-ration notable.

Ainsi, par une action que nous attribuons à des chocs produits dans le parcours à grande vitesse, les particules de fer se sont déplacées pour se porter en dehors de la bande annulaire, sans marquer à la sur-face qui roule sur les rails un changement brusque de figure, une déformation sensible au toucher.

En remettant sur le tour la roue qui a subi une altération, il ne faudrait pas enlever plus de 2 milli-mètres d'épaisseur de matière pour rétablir la forme conique de la bande. Cependant il en est sorti par *excroissance* un segment de couronne dont la section rectangulaire présente 30 et 12 millimètres sur les côtés! D'où peut provenir ce mouvement régulier des particules de fer [1]? N'y aurait-il pas quelque rapport entre les forces qui ont concouru à cette expansion

---

[1] Ce mouvement des particules de fer a beaucoup d'analogie avec celui qui transforme les rondelles d'alliage fusible employées sur les chaudières des locomotives du chemin de fer de Versailles, rive gauche. Voir les figures à la fin du volume.

du métal en dehors des points de contact avec les rails, et le pouvoir qui change la nature des frottemens dans le parcours à 12 et 15 lieues par heure ? Voilà ce que nous aurons à examiner ailleurs, avec d'autres phénomènes tendant à montrer l'action des fluides impondérables dans tous les mouvemens des corps.

Au surplus le travail qui déplace les particules de fer pour les amasser à l'extérieur des bandes qui cerclent les roues menantes, se manifeste d'une manière uniforme pour toutes les locomotives du rail-way de Versailles, rive gauche ; mais il ne produit que très rarement l'effet rapide dont il vient d'être question. Le relief qui se forme autour des roues et dans le prolongement de la surface extérieure, présente d'un côté la forme cylindrique, et de l'autre un quart de rond en doucine.

Enfin, pour compléter ce qui regarde les mouvemens des particules de matière dans le cercle des roues menantes, nous devons dire que les trous percés au milieu pour le passage des rivets finissent par *s'ovaliser* de plus de 3 millimètres au diamètre et dans le sens du développement des roues, ce qui prouve incontestablement qu'elles glissent, comme nous l'avons dit, sur les rails, pendant la marche à grande vitesse.

Cet effet du changement de figure d'une petite circonférence qui se transforme en ovale au milieu d'une grande pièce de fer solidaire, avec tout le système de la roue, est la démonstration la plus complète du mouvement général et moléculaire de la masse entière.

Mais c'est trop nous arrêter sur des détails ; revenons aux résultats de la locomotion, sous le rapport des forces perdues par les frottemens.

Le moyen le plus sûr pour constater que les résistances opposées à la traction diminuent à mesure que la vitesse du parcours augmente, nous a paru devoir résulter des diverses charges que peut traîner une locomotive à grande vitesse.

Si une machine remorquait, avec la même vitesse de 15 lieues à l'heure, indifféremment trois ou quatre voitures, serait-il manifeste que les frottemens ont, dans ce cas, une très faible valeur, et que la gravité n'agit pas de la même manière sur les corps en mouvement? Eh bien, ce résultat est l'une des observations que les mécaniciens ont faite le plus fréquemment sur le rail-way de Versailles, rive gauche.

La pente de ce rail-way étant uniforme sur une étendue de 16 kilom., on y trouve l'avantage de pouvoir répéter les observations à peu près dans les mêmes circonstances durant tout le parcours des 16 kilom., en mesurant la vitesse au moyen des bornes milliaires.

Pour rendre nos expériences plus complètes, nous avons dû choisir la meilleure locomotive du rail-way, la *Rapide*, qui a déjà parcouru 35,000 kilom. sans que l'on ait eu à renouveler l'une quelconque des pièces importantes de tout le système.

C'est le 23 novembre 1841, par un temps sec et une brise faible, qu'ont été faites les expériences dont nous allons rendre compte.

L'appareil, nommé *la Rapide*, n'était pas dans les conditions voulues pour acquérir sa grande vitesse de 15 lieues à l'heure; les garnitures des pistons devenues libres laissaient échapper de la vapeur. Aussi son maximum de vitesse dans l'expérience du 23 no·

vembre, avec un convoi de 3 wagons, a donné pour résultat un kilomètre en 67″. Cependant nous avons rapporté précédemment, que, le 21 du même mois, par un vent debout très fort, elle avait franchi 338ᵐ en 20″, en remorquant 3 voitures.

Cette machine séparée de son convoi, n'ayant d'autre charge que le tender, a été lancée à deux reprises, de manière qu'elle pût développer toute sa force, et en 63″, dans les deux épreuves, elle n'a fourni qu'un kilomètre, soit 4″ de moins que dans le trajet avec 3 wagons-diligences. Ainsi, le poids de ces 3 voitures, qui vaut environ la moitié de celui de la locomotive avec son tender, n'a produit qu'une fort légère différence dans la vitesse, à peu près 1 seizième! Cependant la différence entre les carrés des nombres 63 et 67″, dont le rapport inverse exprime celui des forces vives, ne fournit que $^1/_8$° c'est-à-dire le double du résultat pratique.

Les observations ci-dessus ayant été prises à la montée, nous dûmes les comparer aux vitesses dans le parcours en sens contraire, en développant toute la force de l'appareil, aidée dans ce cas par la descente à 0ᵐ 04. Or la plus grande vitesse avec 3 wagons n'a pu s'élever qu'à un kilom. pour 53″; et ce n'est pas un maximum, puisque nous avons fait constater, après la descente sur le plan incliné de Versailles, une vitesse à raison de 45″ pour un kilom., plus de 20 lieues à l'heure, avec l'appareil appelé la *Française*.

Une différence de 0ᵐ 008 pour la pente, n'a donc produit que 14″ en faveur du trajet à la descente pour deux charges pareilles, à peu près le quart du chiffre qui exprime la plus grande vitesse.

1. 15

Mais en consultant la loi du carré des vitesses, on trouverait dans ce cas, pour les forces vives, le rapport de 2 à 3, c'est-à-dire qu'une pente à 0ᵐ 008 n'ajouterait, pour la descente, que la moitié du pouvoir développé sur niveau. Evidemment ce résultat parle dans le même sens que tous ceux qui précèdent, pour rendre sensible l'influence des vitesses, tant à la montée qu'à la descente des convois.

Passons actuellement à un autre ordre de faits.

Les locomotives employées sur le rail-way de Versailles, rive gauche, sont de deux dimensions : les plus faibles ont des cylindres de 0ᵐ 305 au diamètre ; les autres, qui fournissent un meilleur travail sous tous les rapports, ont des corps de pompes de 0ᵐ 33. La course des pistons est d'ailleurs la même dans les deux systèmes, soit. . . . . ,   0ᵐ 457

En calculant les sections des cylindres pour les dimensions ci-dessus, l'on trouve qu'elles diffèrent d'environ ¹/₆ᵉ ; par conséquent les résistances des pistons et des autres pièces organiques ne devraient pas s'écarter beaucoup du rapport de 5 à 6. Cependant les vitesses fournies par les locomotives de l'une et l'autre dimension, sont loin de suivre le rapport assigné par les lois théoriques sur la proportion des forces. Ainsi, lorsqu'on attèle 3 voitures à l'une des petites machines, la vitesse en montant la rampe de 0ᵐ 004 se soutient à 10 mètres par seconde, tandis qu'avec une forte machine elle peut se maintenir à 17 mètres.

Or, si l'on prend le carré des vitesses pour l'expression des forces motrices, la puissance des deux locomotives s'établirait par les nombres 100 et 289,

dont le rapport est loin de celui des sections des cylindres, qui est de 5 à 6.

Il ne faudrait pas attribuer l'énorme différence que
présentent ces deux rapports, à une insuffisance de
production du générateur pour le plus faible appareil,
attendu que, durant la marche au maximum de vitesse, le conducteur est obligé d'entr'ouvrir la porte
du fourneau, à l'effet de modérer le tirage de la cheminée, et par suite la perte de vapeur par les soupapes de sûreté. Pourtant les machines dont il s'agit
ont été exécutées par les constructeurs qui ont le
plus de réputation en Angleterre ; et, dans les ateliers
du rail-way de Versailles, rive gauche, les directeurs
des travaux ne manquent pas de faire régler le jeu
du tiroir de chacune des locomotives de petite dimension, d'après les conditions sous lesquelles s'obtient la plus grande vitesse des fortes machines ré-
putées les meilleures sur ce chemin de fer.

On suppose assez généralement que l'avantage des
fortes locomotives est dû entièrement à la disposition
des bouches de vapeur propre à réduire le plus possible
la réaction de ce gaz sur le piston, mais nous pouvons dire dès à présent, que ce n'est pas l'écoulement de la vapeur qui gêne la marche des pistons.
Nous ferons voir dans le chapitre suivant quel est
l'obstacle qu'ils rencontrent effectivement ; pour cet
instant, nous ne devons nous occuper que des résistances extérieures et rechercher si elles éprouvent
une modification, une solution de continuité dans le
parcours à très grande vitesse.

Sur le Great-Western rail-way les locomotives traînent, à la vitesse de 50 kilom. par heure, en temps

calme, un convoi dont le poids total, y compris la machine et son tender, s'élève à 100,000 kilog. En supposant que les résistances à la traction ne changent pas à vitesse égale, soit que le mouvement provienne de la gravité après une impulsion initiale, soit que le mouvement résulte de l'action continue d'une locomotive, il s'ensuivrait que la résistance sur le Great-Western, pour cette vitesse de 50 kilom., serait exprimée par les 0^m 011 du poids de 100 tonnes [1]. Ainsi les résistances à la traction consommeraient une quantité d'action exprimée par 1,100 kilog., élevés à la hauteur de 1 mètre, par chaque mètre de chemin parcouru, soit 10,500 kilog. pour l'espace qu'embrasse le développement des roues menantes dont le diamètre est 3^m 04.

Mais en calculant le pouvoir théorique que la vapeur, au degré maximum de pression, peut transmettre aux pistons d'une locomotive pendant *un tour* des roues menantes, et négligeant par conséquent toute espèce de frottement, on trouve une valeur moindre que le chiffre 10,500 kilog. élevé à la hauteur de 1 mètre. N'est-ce pas encore là une preuve tout-à-fait évidente que la résistance des convois livrés à leur poids sur un plan incliné, doit être, par sa nature, beaucoup plus forte que la résistance qui s'oppose au mouvement des wagons tirés par une locomotive, dans le cas de la grande vitesse.

Terminons ce chapitre par la comparaison de deux séries d'expériences qui remontent presqu'à l'origine de l'exploitation des grandes lignes de rail-

[1] Voir le tableau n° 1, chapitre 17.

way [1], et d'où on peut tirer la conséquence que le mouvement transversal des wagons sur les rails est l'une des principales causes des résistances à la *descente* des convois sur les plans inclinés.

La première de ces séries, dans le tableau ci-dessous, indique les résistances évaluées d'après la hauteur de chute et l'étendue du parcours, pour le mouvement des wagons, *montés sur ressorts*, alors que la charge repose en dehors des roues sur des fusées d'essieux de $0^m 045$ de diamètre; la seconde série exprime les résistances pour des wagons sans ressorts, ayant des essieux de $0^m 07$ de grosseur.

NOMBRE DE VOITURES.	DIMENSIONS des essieux.	POIDS des voitures en tonnes de 1000 kilog.	RÉSISTANCE évaluée en kilogramm. pour 1 mètre de chemin parcouru.
10 wagons. . . . . (montés sur des ressorts.).	0^m 0045	49t. 48	3k. 86
14 id. . . . . id. . . .	id.	62 . 61	3 . 69
19 id. . . . . id. . . .	id.	93 . 44	3 . 62
24 id. et un tender. . . . id. . .	id.	111 . 71	3 . 64
17 id. (une locomotive et son tender.) id. . .	id.	96 . 44	3 . 47
20 id. . . . . id. . . . id. . .	id.	111 . 86	3 . 55
1 id. vide . . . . id. . .	id.	1 . 88	5 . 93
1 id. chargé . . . . . id. . .	id.	5 . 23	5 . 10
12 wagons sans resorts	0 075	48 . 00	3 . 62
4 id. . . . . id.	id.	16 . 00	3 . 60
16 id. . . . . id.	id.	64 . 00	3 . 34
8 id. . . . . id.	id.	32 . 00	3 . 52

[1] Ces tableaux sont extraits du Traité des locomotives de M. de Pambour.

En comparant les résultats ci-dessus, on voit que l'avantage de la moindre résistance est du côté des wagons sans ressorts, et cependant des essieux de $0^m 07$ de grosseur devaient occasionner des frottemens plus forts que ceux provenant des fusées de $0^m 045$. Cet avantage n'est-il pas dû au mouvement oscillatoire de tout le système d'un wagon à ressorts, qui a évidemment plus de mobilité que celui des voitures où la charge repose directement sur l'essieu?

Une contradiction aussi évidente avec la loi sur le frottement des corps appelait un sérieux examen; mais il eût été difficile d'en parler dans un ouvrage théorique sans compromettre le sort des formules sur les résistances à la traction; et le plus grand mérite que puisse présenter un traité sur les machines est de donner, pour tous les cas, le moyen d'apprécier leur effet utile, en montrant l'accord le plus parfait entre les calculs déduits des formules et les résultats de la pratique.

En résumé, il suit de ce qui précède, que la résistance qui nuit le plus à la grande vitesse des convois sur les rail-ways est celle du vent de côté; qu'aucun expérimentateur n'a encore cherché à l'estimer; que la résistance vent debout, ne ralentissant pas du vingtième la marche d'un train de locomotive à 10 et 12 lieues par heure, même dans les tempêtes, on doit en déduire que la pression de l'air sur les wagons-diligences fournit encore une résistance moindre; que les pertes de force par frottement ont été mal appréciées, quand on a supposé qu'elles sont les mêmes dans les différentes circonstances de la montée, de la descente et du parcours sur niveau, et

qu'elles ne varient pas avec la vitesse des convois ;
enfin que l'unité dynamique adoptée pour estimer
les quantités d'action que développe une locomotive,
et supposée indépendante du *temps* employé à fournir le travail de 1,000 kilogrammes élevés à 1 mètre,
est tout-à-fait inexacte.

CHAPTRE XIX.

—

Parmi les divers résultats consignés dans le chapitre précédent et relatifs au travail des locomotives, pour le cas de la grande vitesse, nous rappellerons une comparaison faite entre deux appareils très bien construits, qui ne diffèrent entre eux que par le diamètre des cylindres à vapeur [1]. Nous avons fait voir qu'une différence du sixième dans les sections de ces cylindres fournissait, pour l'effet utile, à peu près le rapport de 1 à 3, alors qu'on évalue les forces qui entretiennent le mouvement uniforme par le carré des vitesses de chacun des appareils.

Pour expliquer ce résultat on peut admettre diverses suppositions : d'abord qu'il y a solution de continuité dans les résistances, alors que les locomotives passent de la vitesse de 10 mètres à celle de 17 mètres par seconde ; en second lieu, qu'il se manifeste une modification dans la manière d'agir de la vapeur ; enfin, qu'il existe à l'intérieur des cylindres des causes de perte de force qui vont en diminuant à mesure que la vitesse de l'appareil augmente.

Toutes ces suppositions nous paraissent également fondées, et ce qui va suivre doit établir que le maxi-

[1] Pages 226, 227.

mum d'effet utile de l'appareil dépend à la fois des trois causes ci-dessus.

En ce qui concerne les frottemens, nous croyons avoir suffisamment démontré, par les différences de résistance pour la montée et la descente d'un même convoi, sur le même plan incliné, qu'il y a une solution de continuité dans les résistances ; c'est-à-dire que les convois *pèsent* moins sur les rails à mesure que la vitesse augmente, et que l'effet devient très sensible particulièrement au delà du parcours à raison de 11 mètres par seconde.

Quant à l'hypothèse d'une modification dans la manière d'agir de la vapeur, soit par l'accélération de marche des pistons, soit par le changement de vitesse du gaz aqueux au passage des divers coudes dans de nombreuses conduites, soit par une autre cause inconnue, elle n'offre rien de plus singulier que l'inégalité des résistances à la locomotion. Un fait aussi extraordinaire que celui qui vient d'être constaté sur les résistances à l'ascension des convois doit faire naître une grande réserve sur les effets que peut produire la vapeur dans des circonstances fort différentes de celles où elle travaille dans les machines fixes.

Pour nous il serait singulier, au contraire, que les effets du gaz aqueux comme force motrice fussent réglés par des lois exemptes de solution de continuité. Une seule observation peut justifier notre opinion à ce sujet.

Toutes les fois qu'une locomotive marche à une vitesse au dessus de 10 lieues à l'heure, les pistons étant en bon état, la quantité de vapeur fournie par

la chaudière est tellement en excès que le conducteur
laisse la porte du foyer entr'ouverte. Au contraire,
quand l'appareil est retardé par une légère brise en
travers, la production de vapeur devient insuffisante
et la dépense en coke s'accroît beaucoup. Dans le
premier cas une seule charge du fourneau conduit
les convois de Paris à Versailles, rive gauche; dans
le second cas, il faut renouveler la charge durant le
trajet [1].

Un autre fait encore plus remarquable que le précédent, c'est qu'une locomotive lancée à la vitesse
de 23 mètres par seconde et remorquant 2 wagons-
diligences sur ledit chemin, dans le sens de la montée, a pu marcher pendant toute l'expérience, la
porte du foyer entr'ouverte, le tiroir ouvert en plein
et les soupapes de sûreté accusant un *excédant* de vapeur. Comme cet appareil est de la même dimension
et construit sur le même modèle que les locomotives
qui consomment *toute* leur vapeur en circulant à la
vitesse de 12 mètres par seconde; il faudrait que le
premier eût un pouvoir de vaporisation à peu près
double de celui du second, si la pression dans les cylindres était au même degré pour l'un et l'autre cas :
or cela supposerait que la production de vapeur suit
la loi des vitesses des locomotives, ce qui ne s'accorde
nullement avec les résultats de l'expérience.

De là nous sommes porté à inférer que la vapeur

---

[1] L'avantage de la grande vitesse, pour l'économie du combustible, est parfaitement constaté sur le rail-way de la rive gauche.
Dans un parcours de même étendue, l'appareil qui emploie le moins
de temps est toujours celui qui dépense le moins pendant le trajet;
et la différence s'élève à plus de 1/6e.

n'atteint pas dans les cylindres le maximum de
pression, quand l'appareil est lancé à la vitesse de
20 lieues par heure ; que les vibrations du système
réagissent sur les ressorts qui pèsent sur les soupapes, de manière à tromper sur le. degré de tension
de la vapeur dans la chaudière ; enfin, que pour une
certaine vitesse, l'emploi des ressorts à l'effet de
mesurer cette tension est soumis aux mêmes causes
d'erreur que l'usage des poids qui seraient établis à
l'extrémité des leviers, et auxquels il a fallu renoncer
pour les locomotives, parce que le frémissement du
système durant le parcours rapide, réduisait tellement l'effet des poids, qu'ils accusaient alors une
pression plus que double de la tension effective dans
le générateur.

Quant aux pertes de force qui résultent du mode
de distribution de la vapeur dans l'appareil, nous
pouvons dire avec certitude, qu'à cause de la disposition horizontale des cylindres la majeure partie du
travail utile dépend de la célérité du mouvement qui
ouvre la bouche de sortie du gaz aqueux, après qu'il
a produit son effet sur le piston.

Il est facile de comprendre que cette disposition
horizontale des corps de pompe doit apporter des
conditions qui ne se rencontrent pas dans la pose
verticale des appareils fixes ; il suffit pour cela de réfléchir qu'il peut arriver de l'eau dans ces cylindres,
et que, si elle y restait quelque temps, ou plutôt si
elle n'en était pas expulsée immédiatement, elle en-
tretiendrait une condensation puissante au milieu de
l'appareil, et reproduirait presque le premier système
de pompe à feu, celui de Newcomen, dans lequel on

injectait de l'eau froide pour condenser la vapeur
au centre des corps de pompe.

Si les bouches de sortie de la vapeur dans les cylindres de locomotives étaient tournées vers le bas,
le liquide venant toujours occuper les conduits inférieurs serait rapidement expulsé, quoique ces conduits dussent être retournés ensuite d'équerre et de
bas en haut pour fournir une sorte de ventilation
dans la cheminée, par la force du courant de vapeur.

Mais les bouches d'échappement du gaz aqueux
sont *au dessus* des cylindres, et dirigées de bas en
haut, de telle sorte que l'eau de condensation n'en
sortirait qu'en faisant heurtoir au piston, si, en s'é-
chappant brusquement, la vapeur qui est au dessus
d'un liquide n'agissait pas comme un aspirateur pour
entraîner, sous forme de pluie, une certaine quantité
d'eau soulevée par la dépression *subite* qui s'opère à
sa surface.

On peut juger physiquement de la puissance d'aspiration de la vapeur à haute pression lancée dans
l'air, par un moyen très simple ; il consiste à ouvrir
soudain un robinet établi au dessus d'une chaudière à
forte pression ; on voit alors que la vapeur s'en
échappe mélangée d'une grande quantité de liquide [1],
qui fait obstacle à la sortie du gaz.

Or, l'effet qui s'observe très distinctement après
l'ouverture rapide d'un robinet de dégorgement de la
vapeur, s'obtient, dans les locomotives, par le mou-

---

[1] On suppose généralement que cet effet est dû tout entier à la
dépression qui s'opère au dessus du liquide dans la chaudière, et
c'est là une erreur. Nous en donnerons la preuve dans le deuxième
volume.

vement *brusque* du tiroir qui sert à fermer la bouche d'émission, pendant que, de l'autre côté du piston, le cylindre se remplit de gaz aqueux. L'eau accumulée au fond du corps de pompe jaillit alors et se précipite vers cette bouche aussitôt qu'elle s'ouvre, et une grande partie du liquide passe dans les conduits avec la vapeur.

Les premières oscillations du piston ne purgent pas entièrement les cylindres, parce que le passage du tiroir, durant la mise en train, s'opère avec une certaine lenteur; mais à mesure que l'appareil accélère sa marche, le tiroir démasque plus vite la bouche d'échappement de l'eau et de la vapeur ; c'est-à-dire que l'accélération de marche de la machine favorise de plus en plus la puissance motrice, en réduisant progressivement le pouvoir de condensation de l'eau retenue au fond des cylindres horizontaux.

Pour montrer clairement que les effets de condensation, par le liquide non expulsé, sont tels qu'il vient d'être dit, nous n'aurons qu'à rapporter une observation de l'expérience. On essaie depuis quelque temps sur le rail-way de Versailles, rive gauche, une locomotive de construction française, qui fournit un peu plus de vitesse que d'autres appareils de la même dimension construits dans les meilleurs fabriques d'Angleterre [1]. Une légère différence dans le mode de distribution de la vapeur a été apportée dans le système de la locomotive qui a le plus de vitesse. Il paraît que l'on a été conduit à ce changement par

---

[1] Les dernières locomotives fournies au chemin rive gauche, par la fabrique de Sharp-Ropeerts, qui a livré *la Rapide*, marchent à peu près comme l'appareil français.

la comparaison entre les effets de 4 appareils exécutés sur le même modèle, à la même époque, et dans la même fabrique. L'un de ces appareils ayant donné de suite une vitesse supérieure à celle de toutes les locomotives du rail-way, rive gauche, il était naturel que l'on en recherchât la cause. On a observé que, dans cette locomotive dite *la Rapide*, l'échappement de la vapeur était plus prompt et plus facile que dans les trois autres appareils de la même dimension.

Depuis cette époque, toutes les locomotives qui ne donnent pas un bon résultat en vitesse sur ce rail-way, subissent, autant que possible, l'amélioration résultant d'un léger changement dans la marche du tiroir distributeur; mais on n'a pas la faculté d'agrandir facilement les bouches de vapeur pour les appareils qui arrivent *tout construits*; de sorte que la modification reste incomplète, c'est-à-dire qu'une partie de la vapeur doit se condenser dans les cylindres.

L'amélioration a pu se faire entièrement pour la locomotive française; et voici l'effet qu'elle présente, indépendamment du résultat d'une légère supériorité de vitesse : la machine acquiert son maximum de vitesse dans un parcours de 5 à 6 cents mètres, tandis que les locomotives construites en Angleterre exigent un parcours triple pour être en bonne marche. N'est-ce pas là un indice sûr de la présence de l'eau dans les cylindres?

L'appareil français, exécuté de manière à *purger* plus rapidement ses corps de pompe que l'appareil anglais, s'affranchit bientôt de la condensation intérieure, tandis que celui-ci subit beaucoup plus long-temps les inconvéniens de cette condensation. Il est

même probable qu'il reste constamment un peu d'eau
dans les cylindres des locomotives anglaises ; car ces
cylindres ont les mêmes dimensions que ceux de l'appareil modifié, et elles ne prennent pas , comme nous
l'avons dit, une égale vitesse dans des circonstances
tout-à-fait semblables. La différence, quoique faible,
n'en est pas moins d'un intérêt majeur, et cela sous
plus d'un rapport, ainsi que nous le démontrerons en
traitant de la locomotive dans le deuxième volume.

On connaît encore si peu les véritables principes
pour la construction de cette machine, que l'on attribue généralement à un effet de réaction de la vapeur sur le piston, l'infériorité de marche que l'on
observe dans certains appareils. On suppose qu'un
très petit retard dans l'échappement de la vapeur
occasionne un grand préjudice pour l'effet utile de la
locomotive, et c'est là une erreur manifeste.

Il est facile de démontrer que le retard dont il
s'agit serait plus favorable que nuisible. En effet,
dans les premiers instans de son déplacement, le
piston fait peu de chemin relativement à celui du
bouton de la manivelle qui décrit un cercle ; mais si
le piston s'avance seulement de 1 centimètre, quand
le bouton en parcourt 6, par exemple, l'essieu des
roues menantes fournit alors six fois plus de chemin
pour une force donnée, que lorsque la manivelle passe
à la verticale ; c'est-à-dire que les frottemens consomment à peu près toute la force motrice, lorsque
le piston commence ses oscillations sous la pression
maximum de la vapeur. Ce n'est donc pas un très
faible retard dans l'émission de ce fluide qui peut
ôter une force notable à l'appareil.

Plusieurs auteurs ont encore supposé que la vapeur vivement appelée de la chaudière vers les corps de pompe, entraîne avec elle une quantité d'eau considérable qui a été estimée à un *tiers* du volume total introduit dans l'appareil de vaporisation ; et cette supposition n'est pas plus fondée que la précédente.

S'il s'introduisait effectivement dans les cylindres seulement le trentième de la quantité d'eau que l'on suppose entraînée dans la vapeur ; par la disposition des bouches d'émission, ce liquide s'accumulerait évidemment au fond des corps de pompe, et faisant bientôt heurtoir au piston, il s'ensuivrait des avaries à chaque instant : les tiges des pistons devraient se rompre, ou bien les essieux s'infléchir ; car l'eau comprimée avec une certaine vitesse acquiert, sous les chocs, la même propriété d'inertie que les solides.

Par ce peu de mots on peut voir que les plus habiles constructeurs de machines n'ont pas eu encore le temps de bien apprendre tout ce qui regarde la locomotive ; que l'ingénieur qui a créé, par l'emploi de cet appareil, la circulation à grande vitesse, paraît ignorer lui-même les moyens par lesquels les cylindres se purgent de liquide ; que s'il reste effectivement une petite quantité d'eau au fond des cylindres, l'appareil perd une partie notable de sa force par les condensations intérieures ; enfin, que les formules créées ou à créer pour la détermination, dans tous les cas, du travail utile des locomotives, ne sauraient être exactes, tant qu'elles ne renfermeront pas une variable propre à représenter les effets de condensation de la vapeur dans les corps de pompe.

CHAPITRE XX.

DU TRAVAIL DES LOCOMOTIONS SUR LES RAIL-WAYS
A FORTE PENTE.

———

L'emploi de la locomotive, sur les rail-ways à forte pente, n'a été étudié jusqu'à ce jour qu'en ce qui touche les pertes de force et la sécurité des voyageurs. On n'a point supposé que la circulation à vitesse égale pût être plus destructive sur les rampes que sur les chemins de fer de niveau; on n'a établi de comparaison que pour la quantité de coke consommé; en un mot, on ne s'est nullement occupé de l'influence des fortes pentes sur la durée des rails et des pièces organiques d'une locomotive. Cependant il n'est pas moins essentiel d'examiner la question sous ce dernier point de vue que sous les autres rapports, et nous allons la subdiviser ainsi qu'il suit:

Sur les rampes de 5 à 8 millimètres et d'une grande étendue, quelle charge une forte locomotive [1] peut-elle remorquer à la vitesse d'au moins 7 lieues par heure? Quelle vitesse peut acquérir un convoi livré à son poids? Enfin, quel peut être l'excédant de dépense occasionné par la locomotion relativement à un chemin de fer de niveau et pour une grande vitesse?

---

[1] Les fortes locomotives ont des cylindres de 0ᵐ 33 de diamètre.

Avant d'aborder ces diverses questions nous aurons à faire observer que le transport à petite vitesse
des marchandises, sur les rail-ways à longues et
fortes pentes, ne peut pas être compris dans l'aperçu
des évaluations ci-dessus indiquées, tant il y a de
causes d'accroissement de dépenses pour les grands
convois qui passent d'un rail-way presque de niveau
sur un plan incliné.

Nous ne parlerons en conséquence que de la locomotion à grande vitesse, sur les fortes pentes.

§ Ier. — *De la charge des locomotives, sur les rampes*
de 5 à 8 millimètres.

Lorsque l'on cherche quelle peut être la charge
des locomotives, il ne faut pas considérer les circonstances éminemment favorables comme celles
d'un temps calme et sec, ni le temps le moins pro-
pice comme celui d'un grand vent de côté; c'est sur
des données habituelles qu'il convient d'asseoir les
estimations pour le travail utile, et l'on doit bien
penser qu'elles sont loin d'avoir la rigueur mathématique.

Sur le rail-way de Versailles, rive gauche, les locomotives remorquent facilement 5 wagons-diligences, à la vitesse moyenne de 10 à 12 lieues par heure,
en gravissant la rampe à 4 millimètres; tandis que
sur le rail-way de l'autre rive, qui est établi à la pente
de 5 millièmes, la marche des convois à 5 voitures
n'est guère que de 7 à 8 lieues.

D'après nos observations sur la perte de vitesse
des convois de 3 wagons-diligences, remontant le

plan incliné de Versailles, rive gauche, nous n'estimons pas qu'il soit possible d'obtenir plus de 8 lieues à l'heure, sur une rampe à 8 millimètres d'une longueur de 5 à 6 kilom., en admettant que la locomotive, avec ses 3 voitures, arrive avec la vitesse de 9 à 10 lieues au pied du plan incliné.

Pour circuler à raison de 8 lieues, on peut donc compter 5 wagons sur la rampe à 5 millièmes.

4 id.	id.	à 6 et 7 millièmes.
3 id.	id.	à 8 millièmes.

Au-delà, il faudrait employer une machine de renfort, et c'est l'objet d'un grand surcroît de dépense.

§ II. — De la vitesse pour la descente des convois sur les fortes pentes.

On doit aux expériences faites par le docteur Lardner, en Angleterre, les résultats qui prouvent combien est lente l'accélération de marche des trains de wagons abandonnés à leur poids sur des plans inclinés [1]. La plus grande vitesse qu'ils aient pu obtenir sous la pente à $0^m 011$ a été de 15 lieues par heure, et sur le chemin de Versailles, rive gauche, plusieurs locomotives font le trajet avec cette vitesse à la montée, et quelquefois à raison de 16 et 17 lieues pour la descente, sur une rampe à $0^m 004$.

Nous avons vu une sorte de concours s'établir sur les deux rail-ways de Versailles, dans la partie où ils marchent presque parallèlement et à petite distance. Eh bien! en faisant usage de toute la puissance des

[1] Voir le tableau n° 1, chapitre XVII.

appareils, la vitesse des locomotives sur le rail-way de la rive droite, qui est incliné à 5 millièmes, restait très inférieure à celle des machines du chemin de la rive gauche, qui n'a que 4 millièmes d'inclinaison ; et dans ces luttes la plus grande vitesse acquise n'exédait pas 17 lieues à l'heure.

Le service du rail-way, rive gauche, n'ayant jamais occasionné le plus petit accident par suite de la grande vitesse, et les convois livrés à leur poids sur la pente à 0^m 011 ne prenant pas une vitesse égale à celle du service habituel sur ce rail-way, on est obligé d'en conclure qu'une longue pente à 8 millièmes n'offrirait, dans les circonstances ordinaires, aucun danger eu égard à l'accélération de marche ; que l'on pourrait même y faire usage de la vapeur à faible tension, puisque sur une rampe à 0^m 01, en développant toute la force d'une locomotive, nous n'avons pu atteindre que 22 mètres de vitesse par seconde, ou 20 lieues à l'heure.

Mais s'il fallait arrêter en très peu d'instans un convoi qui aurait acquis une grande vitesse et tendrait à la conserver par l'effet de la gravité, on se trouverait exactement dans les mêmes circonstances que si l'on voulait retenir un convoi au moyen des freins, en même temps que l'on ferait agir la locomotive avec toute sa puissance, c'est-à-dire que la marche à grande vitesse sur les plans inclinés peut, en définitive, être sujette à de graves accidens.

Il serait intéressant, sans nul doute, de pouvoir découvrir les causes qui retardent si fort la marche des convois à la descente des plans inclinés, alors qu'en développant une force très inférieure à celle

de la gravité pour une pente à 0ᵐ 011, une locomotive traîne facilement, à la vitesse de 15 lieues par
heure, un train qui ne prend cette vitesse qu'avec
des circonstances favorables sous la pente à 0ᵐ 011 ;
mais nous devons rappeler qu'il s'agit ici d'exposer
seulement des faits, et qu'en nous occupant de considérations théoriques nous sortirions du cadre que
nous nous sommes tracé. Toutefois nous dirons en
passant, que si le mouvement des voitures sur les
rail-ways se compose de petites trajectoires, le poids
restera plus long-temps éloigné du sol à la descente
qu'à la montée ; que s'il existe une cause de dérangement pour les voitures par rapport à l'axe du rail-
way, elle doit agir plus efficacement dans le premier
cas que dans le second, pour presser les mentonnets
des roues contre les rails ; d'où il suit que dans ces
deux hypothèses, les *déviations* du système seraient
plus fortes et par conséquent plus nuisibles pour la
descente que pour la montée des convois.

§ III — *De l'excédant de dépense occasionné par la
descente des convois sur les plans inclinés.*

Les expériences qui ont appris que les convois à
la descente des plans inclinés consomment en quantité d'action jusqu'à 11 millièmes du poids, pour une
vitesse uniforme de 13 à 15 lieues par heure, alors
qu'il n'est pas douteux que sur les rail-ways de niveau la dépense est fort inférieure au chiffre 11 millièmes, ces expériences, disons-nous, indiquent en
même temps que les voitures et les rails doivent s'u-
ser davantage dans le premier cas que dans le se-

cond ; car les forces développées ne peuvent se détruire que par des frottemens qui usent d'autant plus la matière qu'ils sont eux-mêmes plus considérables.

Au reste, on sait déjà par le renouvellement des barres sur les rampes et les parties presque de niveau, pour un même chemin, que l'usure est beaucoup plus rapide sur les premières que sur les secondes ; mais il serait difficile d'assigner une proportion à peu près exacte pour la durée. On ne pourra y parvenir que lorsque l'on aura plusieurs termes de comparaison, qui manquent nécessairement à cette époque, puisque les rail-ways exécutés, sauf celui de Liverpool à Manchester, n'ont que de très faibles pentes dans le parcours des locomotives. Cependant on estime que l'augmentation de dépense pour l'entretien des rampes de 5 à 8 millièmes est de plus de 50 pour % relativement aux chemins de niveau.

CHAPITRE XXI.

DES PLANS INCLINÉS AVEC MACHINES FIXES,

—

On se figure généralement, en France, que les câbles employés au halage des voitures sur les plans inclinés, portent des fardeaux considérables qui laissent peu de certitude pour la parfaite résistance des cordages ; on suppose en outre que le halage s'opère avec assez de lenteur pour faire perdre une bonne partie de l'avantage obtenu par la grande vitesse des locomotives ; et cette double erreur entretient l'extrême répugnance qui se manifeste chaque fois qu'il est question de l'utilité d'une machine stationnaire pour un bout de rail-way.

Chose singulière ! nous allons prendre nos modèles, pour tout ce qui concerne les chemins de fer, chez nos voisins d'outre-Manche, et nous refusons de les imiter dans l'usage du système le plus économique et le plus sûr pour franchir des hauteurs qui ne peuvent être rachetées que par de fortes rampes, où les locomotives perdent la majeure partie de leurs avantages, et qu'elles ne descendent pas toujours sans danger.

Pour ce qui regarde la sécurité des voyageurs sur les plans à câbles, il importe de faire remarquer d'abord, que le cordage qui tire à chaque instant des trains de marchandises ne peut pas manquer sous le

poids le plus faible, celui des convois de voyageurs;
en second lieu, qu'on n'use pas entièrement les câbles à ce service; qu'ils ne sont soumis qu'à une
faible tension sur des rampes dont l'inclinaison maximum est de $0^m 012$; enfin, que l'action des freins
dans le cas d'une vitesse de 3 à 4 mètres par seconde,
comme celle du parcours sur les plans inclinés, est
tellement sûre qu'il faudrait admettre un dessein cri-
minel de la part des conducteurs d'un train, pour
qu'il pût être emporté avec une grande vitesse par
le pouvoir de la gravité.

Mais en se rappelant les expériences relatives à la
vitesse des convois abandonnés à leur poids sur une
rampe de $0^m 011$, peu différente du maximum $0^m 012$
dont il s'agit, on ne peut pas admettre que pour une
hauteur de 24 mètres la vitesse dépasse celle qu'on
obtient journellement sur le rail-way de Versailles,
rive gauche, 15 lieues par heure; et nous ne supposons pas ici que les plans à câbles doivent racheter
au delà de 24 à 25 mètres sans palier intermédiaire.

Au surplus, si le serrage des freins ne doit pas
inspirer assez de confiance pour le halage à 4 et
5 mètres de vitesse, cet inconvénient est commun à
tous les services par locomotives, attendu que les
conducteurs sont fréquemment obligés de ralentir la
marche d'un train lancé à une vitesse beaucoup plus
forte que celle de 5 mètres.

Quand on répare une portion de voie, les trains
passent d'un rail-way sur l'autre au moyen d'un chemin de raccordement qui présente une déviation rapide, et où il faut par conséquent diminuer la vitesse,
pour éviter le risque du déraillement. Or, durant la

descente d'une pente à 0^m 005, comme celle de Versailles, par exemple, il est impossible d'attendre que la vitesse de 10 à 12 mètres se réduise naturellement à 4 ou 5 mètres ; il faut se servir des freins, et s'ils venaient à manquer tous à la fois, il n'y aurait guère moins de danger pour le convoi au passage de l'aiguille, à grande vitesse, que pour le train qui descendrait d'une hauteur de 25 mètres, sous la gravité, en parcourant une rampe à 0^m 012 ; car le ralentissement opéré par le mouvement rétrograde de l'appareil est une dernière ressource qui peut causer des accidens.

Lorsque l'on veut imposer dans un cas des règles dictées par une extrême prudence, il ne faut pas s'écarter des usages pratiques qui ont appris à ne pas s'effrayer vainement des choses devenues simples par un effet de l'art. Ne serait-ce pas, en effet, une contradiction étrange que de proscrire comme dangereux l'emploi des freins pour la circulation à 3 et 4 mètres par seconde sur les plans inclinés, alors que dans le service habituel on est contraint de s'en rapporter à la manœuvre de ces mêmes freins pour ralentir la marche à des vitesses trois fois plus considérables ?

La seule objection sérieuse contre l'établissement des plans à câbles, sous l'inclinaison maximum de 0^m 012, est donc celle qui concerne les pertes de temps : or, toutes les fois qu'il ne faudra franchir qu'un plan incliné de 3 à 4 kilom., sur un rail-way de 120 kilom., le halage, sur ce plan, dût-il occasionner un retard de 20′ dans le trajet, nous conseillerions de compenser ce retard par une accélération

de marche sur les pentes faibles, plutôt que d'abandonner les convois à leur poids sur des rampes de 6 à
7 kilom., ayant une inclinaison de 7 à 8 millièmes.

On retrouverait, en définitive, pour le parcours de
ces rampes durant la descente, l'inconvénient de la
manœuvre des freins au passage des aiguilles, chaque fois qu'il y aurait une réparation à faire sur l'une
des voies ; or, ces réparations seraient fréquentes ;
et, nous le répétons, la vitesse des convois ne serait
pas au dessous de 9 à 10 mètres dans le premier
instant du serrage des *mâchoires* contre les bandes
des roues.

Du reste, nous ne tarderons pas à faire voir que
l'emploi des machines stationnaires, pour le service
des trains de marchandises qu'il importe de ne pas
négliger, est l'unique moyen d'opérer ce transport
avec avantage sur nos rail-ways. Si l'on était obligé
d'affecter spécialement une ou plusieurs locomotives
au service des marchandises sur une forte pente,
ainsi que cela se pratique au chemin de Liverpool à
Manchester, pour deux rampes qui rachètent chacune environ 25 mètres de hauteur, il serait peu
probable que l'on pût établir avec avantage le prix
du transport à 1 franc par tonne pour 1 kilomètre,
comme sur le rail-way anglais ; et d'ailleurs nos tarifs
du roulage n'atteignent pas ce chiffre dans les circonstances ordinaires.

Il faut se soumettre à la condition de préparer d'a-
vance les moyens d'effectuer à bon marché le double
transport des voyageurs et des marchandises sur nos
rail-ways ; car si les grandes lignes ne pouvaient
servir qu'au mouvement des voyageurs, on s'aperce-

vrait un peu trop tard de la charge onéreuse qu'elles feraient peser sur la communauté, au profit des classes qui ont le moins de droits aux secours de l'Etat.

CHAPITRE XXII.

DE L'EXPLOITATION DES RAIL-WAYS.

L'économie dans les dépenses d'exploitation des rail-ways doit dépendre évidemment du nombre des convois qui partent chaque jour des deux extrémités d'une ligne, et du temps qu'ils mettent à la parcourir.

Des départs peu multipliés qui suffisent pour empêcher la concurrence des voitures ordinaires, constituent un mode de service dont les directeurs de rail-ways, en Angleterre, ont su apprécier les avantages, mais qu'ils ont écarté comme ne répondant pas à la richesse et à la véritable économie pour ceux qui, dans ce pays, entreprennent de fréquens voyages.

Dans la Grande-Bretagne, la condition principale pour une entreprise de chemin de fer est de pourvoir aux besoins du commerce, de telle sorte qu'on ne puisse dans aucun temps motiver la demande en concession d'une autre voie presque parallèle, en se fondant sur ce qu'il reste des intérêts généraux à satisfaire. C'est pour cela qu'on s'y attache à ne laisser rien d'incomplet dans le service des transports, en ce qui regarde la vitesse des convois et le nombre des départs. On dirait que les compagnies vont au devant des vœux du public, même en fait d'améliorations onéreuses pour elles; et c'est ainsi que doivent agir des concessionnaires éclairés, qui veulent éloigner la concurrence ; car il est presque toujours possible d'établir deux lignes parallèles pour relier les principales cités d'un royaume.

On ne rencontre pas cet avantage de la possibilité d'une concurrence pour les canaux de navigation, et c'est là ce qui a produit des bénéfices si considérables en Angleterre, aux concessionnaires de ce genre d'entreprises.

En Belgique, le mode d'exploitation des rail-ways a un but politique à remplir, il doit être profitable au plus grand nombre ; alors on n'a pas à consulter quelques convenances particulières pour les classes riches qui n'auraient pas du reste, comme en Angleterre, les moyens de payer les frais d'entretien occasionnés par des départs très fréquens.

La plus grande partie des frais d'exploitation d'un rail-way étant due au travail de la locomotive, la base principale de toutes les estimations à ce sujet est l'étendue du chemin qui sera parcouru par les machines. Le nombre des wagons à la suite d'une locomotive influe si peu sur la dépense totale, qu'en le variant dans le rapport de 1 à 2, il n'en résulte pas $\frac{1}{10e}$ en plus pour les frais d'exploitation. C'est donc par le nombre des convois expédiés chaque jour que l'on fait subir de notables changemens au chiffre des dépenses.

Nous n'entrerons pas dans les détails concernant les essais de transport des marchandises sur les chemins belge et anglais : chaque pays a ses besoins particuliers, qui dépendent, en ce qui regarde les mouvemens de voyageurs et de marchandises, de l'état de la navigation intérieure, de l'activité des

relations commerciales et industrielles, et de la richesse générale; en sorte que pour chaque grande
ligne, il peut devenir nécessaire de rechercher un
mode d'exploitation spécialement approprié aux localités qu'elle doit desservir.

Passons maintenant aux considérations sur l'influence de la vitesse pour les frais d'exploitation.

On peut aujourd'hui diviser en trois classes les
différentes vitesses en usage pour le service des
voyageurs, savoir : 7, 9 et 12 lieues par heure. La
première à 7 lieues est invariablement adoptée pour
la circulation sur tous les chemins belges; la seconde est celle du service habituel sur le rail-way de
Londres à Birmingham, et la troisième appartient
au chemin de Bristol.

D'après le relevé des dépenses d'entretien pour
chacun de ces rail-ways, il est à peu près certain que
pour un nombre égal de voyages de locomotive par
jour, les deux derniers services reviennent au même
prix, et que le premier procure une réduction d'environ 30 à 40 pour % sur les frais des deux autres.

Tant qu'il n'a pas été possible d'obtenir sur les
chemins à supports espacés un parcours à raison de
14 et 15 lieues par heure, on a dû supposer que le
mode de construction de la voie à supports continus,
celui employé pour le Great-Western rail-way, en-
trait pour une large part dans les avantages de la
circulation à 12 et 14 lieues, en usage sur le chemin
de Londres à Bristol. Mais à présent que l'expérience a fourni sur le rail-way de Versailles, rive
gauche, un terme de comparaison dans la marche
d'une locomotive appelée *la Rapide* et de deux au-

tres appareils récemment arrivés d'Angleterre [1]; à présent que l'on a la certitude d'une longue durée pour les machines qui travaillent à très grande vitesse sur les chemins à supports discontinus, puisque *la Rapide* a déjà parcouru 35,000 kilom. à raison de 12 et 15 lieues par heure, il devient probable que la bonne disposition du tiroir d'une locomotive influe beaucoup plus sur la vitesse, que la largeur de la voie, la forme des rails et la grandeur des roues, et de plus que le parcours à 15 lieues par heure ne fatigue pas davantage les rails et les machines que la vitesse à 9 et 10 lieues.

Cependant il reste une expérience à faire sur le travail utile des locomotives construites d'après le modèle de *la Rapide* : il s'agirait de constater sur un rail-way à très faible pente le nombre de voitures qu'une machine de ce système peut remorquer à raison de 14 à 15 lieues par heure.

Si cet appareil parvenait à tirer sur niveau 10 wagons-diligences avec cette grande vitesse, il s'ensuivrait que son effet serait au moins aussi avantageux que celui des machines plus lourdes employées au service du Great-Western rail-way, car celles-ci n'atteignent que 13 à 14 lieues avec 10 voitures.

Il est certain que les machines du système de *la Rapide* traînent 5 voitures avec la vitesse de 14 à 15 lieues sur le rail-way, rive gauche, et qu'elles remorquent jusqu'à 9 wagons chargés de voyageurs, non seulement sur la pente à $0^m 04$, mais encore sur les 936 mètres du plan incliné qui rachète $9^m 36$, et

---

[1] Ces deux appareils emploient la vapeur avec détente.

en conservant une vitesse de 7 à 8 lieues. Toutefois on n'en peut rien déduire relativement au grand travail que ces appareils sont capables de développer sur un rail-way de niveau, attendu que dans le parcours à très grande vitesse, il serait possible qu'une légère inclinaison des rails favorisât jusqu'à un certain degré l'accélération de marche d'une locomotive, en multipliant davantage les contacts des roues menantes avec les barres.

Dans le cas où le travail de la même locomotive pour le parcours à 12 et 14 lieues ne serait pas plus avantageux sur le rail-way horizontal que sur la rampe à 0ᵐ 04, l'on devrait en conclure, d'une part, que les grandes vitesses ont la propriété de réduire l'action de la pesanteur ; et, d'un autre côté, que le diamètre des roues menantes, la forme et la largeur de la voie, ont une grande influence dans les résultats obtenus sur le chemin de Londres à Bristol.

De ce court exposé l'on peut déduire, 1° qu'il reste un grand nombre d'expériences à faire pour parvenir à bien connaître les divers résultats de la vitesse au dessus de 10 lieues à l'heure ; 2° que la science des chemins de fer ne se compose encore que d'élémens tout-à-fait incomplets ; 3° que pour marcher sûrement dans cet art tout nouveau il ne faut pas vouloir arriver partout, quoi qu'il en doive coûter, à la réalisation immédiate du mode de transport à grande vitesse.

Recherchons néanmoins quels peuvent être les moyens d'exploiter avantageusement nos grandes lignes de rail-ways.

Il s'est élevé si peu de doutes, à une certaine épo-

que, sur la réussite financière des principales lignes
de chemin de fer, que dans les cahiers de charge
pour les concessions déjà faites, il n'a pas été jugé
nécessaire de fixer un minimum relativement au
nombre de départs à effectuer chaque jour. Cependant, s'il arrivait qu'une compagnie voulût réduire à
quatre le nombre total des convois par jour, comme la
concurrence par de nouvelles voies est à peu près
impossible, il en résulterait que le contribuable aurait
à fournir des subventions annuelles pour la conservation d'un privilége qui, en définitive, serait désavantageux à tout le monde.

Posons à ce sujet une hypothèse que nous verrons
peut-être se réaliser prochainement.

Un prêt de 14 millions a été fait par le trésor public à l'entreprise du chemin de fer de Strasbourg à
Bâle, sous la condition que le gouvernement ne pré-
lèvera aucun intérêt, avant que les actionnaires aient
reçu 4 pour % de leurs avances. Si les dépenses
d'exploitation de ce rail-way ne laissent pas un di-
vidente de 4 pour %, quand le nombre des départs
sera de cinq à six par jour pour chaque extrêmité de
la ligne, les concessionnaires auront évidemment la
faculté d'opérer une réduction sur le nombre des
convois.

A supposer qu'ils trouvent du bénéfice à n'avoir que
quatre départs, deux à chaque extrêmité du chemin,
le public sera tenu forcément de s'en contenter; mais
on ne possèdera pas alors tous les principaux avantages de la circulation rapide, on ne choisira plus les
heures de départ de manière à ne dépenser que le
temps strictement nécessaire à l'objet du voyage; par

suite on se déplacera moins fréquemment, et la recette du rail-way en sera un peu affectée.

Quand les départs sont nombreux, le prix moyen
des frais d'exploitation, y compris toutes les dépenses
d'entretien, d'administration, et de réserve pour le
renouvellement du matériel et des rails, ne descend
pas au dessous de 4 francs par kilomètre, et il peut
dépasser 5 francs [1].

Prenons pour base le chiffre le plus faible et voyons
à quel taux pourra s'élever le bénéfice net de l'entreprise de rail-ways de Paris à Orléans, dont le parcours est de. . . . .   120 kilog.

En comptant 5 départs pour Paris et autant pour
Orléans, on aurait annuellement 3,650 convois, dont
la dépense à raison de 4 francs pour 1 kilom., soit
480 francs par voyage, s'élèverait à la somme
de. . . . .   1,752,000 fr.

Ajoutant à ce chiffre celui de l'intérêt pour les frais de premier établissement, estimés à 40 millions, soit, à
raison de 4 pour %.   1,600,000

Il faudra que les recettes s'élèvent
au moins à . . . .   3,352,000 fr.
pour que les actions ne descendent pas au dessous
du pair.

---

[1] Nous avons eu plusieurs fois l'occasion de remarquer que dans
les appréciations générales pour les chemins de fer, on estime les
frais d'exploitation à la moitié du montant des recettes, sans avoir
égard aux prix des transports; on applique à nos entreprises la
proportion qui est à peu près exacte pour les principales lignes de
rail-ways en Angleterre, et l'on fait ainsi un étrange calcul, car
les prix des places pour les rail-ways des deux pays diffèrent à
peu près dans le rapport de 1 à 2, et la circulation sur les chemins

Pour fournir ce produit brut, on pourra essayer,
1° les tarifs à bas prix donnant une moyenne de 8 fr. 00
pour les 120 kilom., 2° les tarifs des messageries,
donnant une moyenne de. . . . . 10 fr. 00

Dans le premier cas, il s'agirait de 419,000 voyages complets par an, soit en moyenne pour chaque
jour . . . . 1,146 fr. 00
et dans le second, il faudrait 335,200 voyages,
soit. . . . . 918 fr. 00

En consultant les tableaux du mouvement de circulation sur les rail-ways d'Angleterre, il est difficile
de supposer que le prix de 10 francs fût le plus favorable aux intérêts des concessionnaires, et tout porte
à croire que celui de 8 francs attirerait assez les
voyageurs pour tripler la circulation actuelle qui est
d'environ 400 voyages complets par jour.

Nous ne portons rien, il est vrai, à l'article du
transport des marchandises, et, à ce sujet, il convient
de parler des difficultés du parcours sur la rampe à
0ᵐ 005, ou bien à 0ᵐ 008, projetée à l'effet de racheter la différence de niveau entre le plateau de la
Beauce et la station à Etampes.

Tant qu'il s'agit des convois de voyageurs, les locomotives peuvent avoir assez de force pour gravir

de fer en France ne s'élèvera pas au double de la circulation sur les
rail-ways de Londres à Liverpool et Menchester.

Si le prix des places est fixé à 0 fr. 075 par kilommètre, soit
0 fr. 30 cent. par lieue, au taux de 4 fr. par kilomètre pour les
frais d'exploitation, il faudrait 53 voyageurs par convoi de locomotive pour couvrir cette dépense. Ainsi l'on est sûr de ne pas s'é-
loigner beaucoup de la vérité, en établissant que le chiffre moyen
de 50 voyageurs ne laissera rien en bénéfice aux actionnaires des
chemins de fer français, au prix de 0 fr. 30 cent. par lieue.

une longue rampe à 0^m 08 en remorquant à moyenne
vitesse quatre voitures contenant 150 personnes, nombre qui excède de 30 la moyenne pour 1,200 voyages
complets par jour; mais en ajoutant une cinquième
voiture au convoi, s'il franchissait facilement le
plan incliné à 0^m 008 sur une étendue de 3 kilom., en
vertu de la vitesse acquise; dans le temps de pluie il
n'arriverait pas au sommet de la même rampe, pro-
longée sur une longueur de 6 kilom. [1]. Il ne serait
donc pas possible de transporter des marchandises
avec les locomotives destinées aux voyageurs, à
moins de faire usage d'une locomotive de renfort,
qui créerait un double service.

On n'organiserait pas évidemment ce double service pour une faible circulation : c'est seulement
dans l'assurance que beaucoup de marchandises sui-
vraient la voie de fer, que les administrateurs de
l'entreprise se détermineraient à employer plusieurs
fortes locomotives au remorquage, sur le plan incliné, des chariots en partie vides sur lesquels on
aurait amené d'Orléans à Paris les marchandises qui
suivent aujourd'hui la voie ordinaire.

Pour un mouvement considérable, celui de cent
mille tonnes par an, une seule machine ne suffirait
pas au service du plan incliné; il faudrait y en affecter deux avec une locomotive de secours en plus.
Ne nous occupons pas de cet accroissement de dépense en matériel, ni de la surveillance à l'effet
d'éviter la rencontre des convois de voyageurs avec

[1] On en peut juger par la difficulté de la circulation en temps de
pluie, sur le plan incliné de Versailles, qui rachète seulement une
hauteur de 9^m 36.

les trains de marchandises. Tout ce qu'il importe
d'établir se réduit à l'augmentation de frais provenant de la remonte des chariots.

Une locomotive en remorquerait six, tant pleins
que vides, sur la rampe à 0ᵐ 008. Ces six voitures
auraient apporté à Paris 18 tonnes, et dans le trajet
vers Orléans, elles en ramèneraient six environ,
soit au total. . . . .   24ᵗ.

En supposant 6 kilom. de longueur au plan incliné,
la machine devra en parcourir au moins 8 à cause
des mouvemens dans les gares de stationnement, soit
16 kilom. pour la montée et la descente de l'appareil.
Les frais d'entretien d'un rail-way étant plus forts
d'au moins ⅓ sur le plan incliné que dans le parcours de niveau, au lieu de les porter à 4 francs par
kilomètre, nous les compterons à 6 francs, ce qui fera
pour la dépense additionnelle occasionnée par le halage des six chariots ou des 24 tonnes de marchandises, ci. . . . .   96 fr. 00

Et par tonne   4   00

Par conséquent pour 100,000 tonnes
par an.   400,000   00

Si le service s'opère durant le jour, à mesure de
l'arrivage des chariots, il y aura un double jeu d'aiguilles à manœuvrer après le passage d'une locomotive spéciale, tant en haut qu'au bas du plan incliné;
et l'on conviendra que les chances d'oubli à cet égard
ajoutent bien quelque chose aux risques d'avaries des
locomotives de renfort, attendu qu'il faut les faire
sortir de la voie principale pour rendre le passage
libre, soit après la montée, soit après la descente.

Mettant de côté les chances de danger pour ne s'at-

tacher qu'au chiffre de la dépense, il y aurait toujours pour un transport annuel de 100,000 tonnes,
les frais étant capitalisés à 4 p. $^0/_0$, ci. 10,000,000 fr.

      De 150,000 tonnes. 15,000,000

      De 200,000 tonnes. 20,000,000

Or il ne serait pas impossible de faire arriver
200,000 tonnes de marchandises par le rail-way
d'Orléans, si les prix de transport étaient réduits de
façon qu'il ne dût y avoir à payer que l'intérêt à
5 pour $^0/_0$ du capital de premier établissement d'un
chemin de fer convenablement tracé. Dans ce cas, le
rail-way rendrait de très grands services au commerce, et il faudra nécessairement y renoncer si le
projet d'une pente à $0^m 008$ est mis à exécution.

L'intérêt du pays, d'accord avec celui des concessionnaires, conseille donc l'usage de deux plans à
câbles, séparés par un palier, pour racheter les
50 mètres d'élévation des plateaux à la sortie d'E-
tampes.

On trouverait encore dans la réduction des dépenses, si l'on remplaçait la section à $0^m 008$ de pente
par un autre à $0^m 012$, une économie capable de
couvrir le prix d'entretien des machines fixes; de
sorte que l'on gagnerait complètement les 4 francs
que chaque tonne coûterait par le service des machines de renfort, en même temps que le service deviendrait plus sûr et plus régulier que par les locomotives circulant sur une forte pente.

Dans l'hypothèse où le transport s'effectuerait par
machines stationnaires, pour racheter la hauteur des
50 mètres, les marchandises en complément de
charge des trains de locomotives fourniraient seules

un produit très avantageux. En ne comptant que
10 tonnes par voyage, au prix de 0 fr. 60 cent. par
lieue, défalcation faite des frais de magasinage, de
transport en ville, et d'entretien de chariots [1], on
aurait chaque jour un bénéfice de 1,800 francs pour
les 10 voyages aller et retour, soit par an 627,000 fr.
ce qui ferait 1 et $\frac{1}{2}$ pour % du capital de premier
établissement.

Si le service des voyageurs, au prix moyen de
8 francs pour 120 kilomètres, couvrait l'intérêt à
4 pour %, les actionnaires auraient alors un dividende
d'au moins 1 et $\frac{1}{2}$ pour % par an, et l'entreprise
deviendrait de plus en plus favorable au commerce
et aux concessionnaires.

Jusqu'ici nous ne nous sommes pas écarté du mode
de service adopté chez nos voisins de l'autre côté du
détroit, afin de ne pas encourir le reproche de substituer l'hypothèse à une pratique certaine. A présent
nous allons examiner succinctement un autre mode
qui nous semblerait préférable, en ce sens qu'il sa-
tisferait mieux, de toutes les manières, aux intérêts
généraux du pays.

Nous proposerions d'adopter le mode de circulation à deux vitesses : l'une, à 12 et 15 lieues par
heure, serait affectée exclusivement aux voyageurs ;
et l'autre, à 5 et 6 lieues, serait destinée à la fois aux
voyageurs et aux marchandises.

Pour la grande vitesse, le prix serait terme moyen
de 10 francs, de Paris à Orléans ; les départs n'auraient lieu que deux fois par jour, à 7 heures du ma-.

[1] Les prix de transport seraient fixés d'après ceux du roulage,
terme moyen à 0 fr. 25 cent. par tonne pour 1 kilom.

tin et 7 heures du soir ; et sur la route on ne recevrait de voyageurs qu'à Etampes.

Les convois de marchandises dans lesquels on ré-
serverait 4 ou 5 wagons pour les voyageurs auraient
12 départs, savoir : à 7 h. $\frac{1}{4}$, 8 h. $\frac{1}{4}$, 9 h. $\frac{1}{4}$, 10 h. $\frac{1}{4}$
et 11 h. $\frac{1}{4}$ pour le matin, et à 7 h. $\frac{1}{4}$ pour le soir.
La durée du trajet serait de 6 heures dans le jour,
et de 5 heures pour le dernier départ, qui permettrait
d'expédier d'Orléans vers Paris, pour la consommation du lendemain, du laitage, des légumes, des
fruits, etc. Le prix des places serait uniforme et de
0 fr. 20 cent. par lieue. Celui du transport des marchandises ne pourrait guère descendre au dessous
0 fr. 80 cent., y compris tous les frais de magasinage
et de transport en ville.

A ce taux il ne paraît pas douteux que le nombre
des voyageurs pour le service de la grande vitesse,
ne s'élevât, terme moyen, à 500 par jour, 125 par
convoi, lesquels donneraient une recette annuelle
de. . . . . 1,825,000 fr.

Une locomotive ayant des cylindres de 0^m 33 de diamètre ne transpor-
terait pas moins de 40 tonnes de marchandises en sus du poids des wagons-
diligences ; mais à cause du retour qui
ne donnerait pas plus de 10 à 15 tonnes
pour chaque voyage, nous estimerons
la moyenne à 25 tonnes par trajet,
soit par jour 300 tonnes, et par an
109,500 tonnes. Réduisant à 100,000
tonnes, au prix de 24 fr., il viendrait 2,400,000
                                        ————
                                        4,225,000 fr.

| | *Report.* . . . . . | 4,225,000 fr. |

Les voyageurs donneraient par jour
au moins 900 distances complètes au
prix de 6 fr., soit par an 1,971,000

| Total des recettes présumées . . . | 6,196,000 fr. |

Pour les dépenses diverses il y aurait
trois articles, savoir : les 1,440 voyages à grande vitesse au prix de 5 fr.
le kilomètre, ci . . . .   876,000 fr.
4,390 trajets à moyenne
vitesse au prix maxi-
mum de 4 fr., ci 2,107,200

Et les frais de maga-
sinage, de transport en
ville, etc., évalués au
cinquième de ce dernier
chiffre, ci.   421,240

| Total des dépenses . | 3,404,440 fr. | 3,404,440 |
| Bénéfice probable. . | | 2,791,560 fr. |

D'où il suit que les actionnaires auraient à recevoir
au moins 6 pour %, en supposant que le capital pour
le premier établissement avec un plan à câbles ne
s'élevât pas au dessus de 40 millions, et que l'on con-
servât 400,000 francs pour couvrir les dépenses imprévues.

Nous concluons de ce qui précède que, si une fausse
crainte relative à la rupture des câbles vient à l'em-
porter dans la question de l'établissement d'un plan
incliné avec machines stationnaires, au delà d'Etampes ; si le désir de ne pas rompre la circulation des

locomotives entre Paris et Orléans fait donner la préférence au système du parcours continu, afin que les machines franchissent d'un trait la rampe de 6 kilom. à 0^m 008 ; il ne s'écoulera pas dix ans avant que l'on juge indispensable d'ouvrir à côté de cette rampe une autre tranchée à 0^m 012 pour l'élévation des marchandises au moyen de machines fixes.

CHAPITRE XXIII.

DU TRACÉ DES CHEMINS DE FER.

—

On ne saurait trop se pénétrer de l'idée que la réussite financière de nos grandes lignes de rail-ways sera d'autant plus sûre que l'on pourra effectuer, par ces voies nouvelles, un plus grand transport de marchandises. Des chemins de fer qui ne serviraient qu'au mouvement des voyageurs, d'après le tarif que le service des messageries rend obligatoire, ne fourniraient que dans des circonstances rares l'intérêt à raison de 4 pour % des sommes affectées au premier établissement [1]. Or pour le transport des marchandises il faut de faibles pentes, nous dirions presque un rail-way toujours de niveau; et comme il est nécessaire d'éviter les grandes tranchées, les viaducs, les souterrains et tous les ouvrages fort coûteux, nous n'admettons pas la possibilité de s'affranchir de l'usage des plans à câbles, toutes les fois que le terrain ne se prêterait pas à un tracé sous la pente maximum de $0^m 004$.

Pour racheter les différences de niveau à raison de $0^m 004$ par mètre, nous conseillerions, d'après les résultats des expériences rapportés au chap. XVIII, de diviser la pente totale en portions horizontales séparées par de petits plans dont l'inclinaison serait de $0^m 01$. Ainsi, nous ferions dresser le sol horizon-

[1] Voir le chapitre précédent et le chapitre suivant.

talement sur une longueur de 600 mètres, et ensuite
à l'inclinaison de $^1/_{100}^e$ dans une étendue de 400 mètres, pour que chaque kilomètre donnât l'inclinaison
moyenne de 0^m 004.

Les bonnes locomotives pouvant acquérir le maximum de leur vitesse pendant le trajet de 600 mètres,
avec le convoi qu'elles sont capables de remorquer
à raison de 6 et 7 lieues par heure sur un rail-way
sans pente; il est certain qu'elles franchiraient, en
conservant une partie de leur vitesse, le petit plan
incliné à 0^m 01, et qu'elles traîneraient la même
charge que sur un rail-way horizontal, quoiqu'elles
eussent à s'élever de 4 mètres de hauteur par kilomètre de chemin parcouru.

Dans cette disposition du tracé par redents, tout
le succès de la locomotion repose sur ce fait, que
l'appareil qui a déjà une petite vitesse peut, en traînant le maximum de charge, passer à la vitesse de
6 à 7 lieues par heure dans un parcours de 600 mètres sur niveau. Une seule expérience suffira pour en
donner partout la preuve, mais il faut que la machine
mise à l'essai soit dans les conditions requises pour
le brusque échappement de la vapeur qui se précipite vers le milieu de la cheminée à la sortie des
cylindres. Or nous avons déjà fait observer que c'é-
tait le résultat d'une légère modification apportée
dans le jeu du tiroir de distribution de la vapeur,
pour les locomotives anglaises.

On voit par là que les propriétés de la locomotive
peuvent servir fort utilement dans les dispositions
relatives aux tracés de chemins de fer, et que ce serait mal envisager la question de l'établissement des

pentes, que de l'isoler entièrement des conditions de mise en train de cette machine.

Après les expériences qui constatent que les résistances à la locomotion varient dans un grand rapport avec la vitesse du parcours et surtout avec la direction du vent, ce serait en vain que l'on voudrait calculer le chargement des locomotives par les évaluations de la résistance dans un temps sec et calme sur un rail-way de niveau : on ne peut guère s'en rapporter, à cet égard, qu'aux effets de chaque système de locomotive réellement observés dans les temps de pluie par un vent de côté modéré ; on doit toujours laisser au conducteur de la machine le soin de faire produire à cet appareil le maximum de travail utile, selon l'état de l'atmosphère, toutes les fois qu'il s'agira de transporter des marchandises.

Mais les études relatives au tracé des chemins de fer ne se bornent pas seulement à la question des pentes ; l'étendue du parcours, eu égard au nombre de voyageurs, aux quantités de marchandises qui suivront la voie de fer, se présente aussi comme donnée du problème à résoudre. Les facilités du terrain et la richesse de quelques contrées peuvent quelquefois compenser largement les augmentations de dépenses pour un plus long parcours, et nous pourrions citer une ligne où, sur quatre projets étudiés, le plus avantageux paraît être celui qui compte $\frac{1}{10}$ de plus en longueur, que le tracé le plus direct.

Les considérations relatives aux bénéfices d'une entreprise de rail-ways ne pouvant admettre aucune règle générale, nous passerons de suite à la question d'art, pour le raccordement des parties droites au moyen de lignes courbes tracées sous différens rayons.

Ces lignes doivent être assujetties à d'autres conditions pour les rail-ways que pour les chaussées, à cause du parallélisme des essieux dans les wagons et de la solidarité des roues avec les essieux. Quand les roues sont mobiles et indépendantes, comme dans les voitures ordinaires, on s'est assuré que les wagons sortent facilement de la voie.

Pour se rendre compte de cet effet, il faut suivre les mouvemens de la locomotive sur les rails, et ceux qu'elle transmet aux voitures qu'elle remorque.

Dans le cas le plus simple, celui du tirage sur un alignement droit, la locomotive transmet sa force selon la ligne *d'axe* passant par le milieu de l'intervalle entre les points de contact des roues menantes avec les barres. Ces deux points ne restent jamais à une égale distance de l'axe milieu de la voie de fer, attendu que le système prend toujours un mouvement oscillatoire très sensible. Il en résulte que la ligne de tirage passe alternativement par diverses inclinaisons, qu'elle oscille comme un balancier de pendule, en même temps qu'elle se déplace dans le sens transversal. L'action oblique de la locomotive est donc l'origine d'un mouvement oscillatoire pour tous les wagons qui, par eux-mêmes, ont aussi leur propre tendance à l'oscillation. Il s'ensuit qu'un grand nombre d'impulsions se propagent de la tête à la queue d'un convoi, et s'ajoutent, très probablement, car les oscillations sont généralement plus fortes pour la dernière que pour les premières diligences.

Toutefois, il se rencontre des exceptions occasionnées par la qualité des ressorts de suspension des voitures. Il peut arriver qu'un wagon oscille vivement vers le milieu d'un convoi, et qu'un autre wagon de même forme n'y prenne que des mouvemens fort doux.

C'est dans le but de diminuer les frottemens dus aux oscillations rapides des voitures sur les rail-ways que l'on a imaginé de tourner les bandes des roues sous la forme d'un cône dont l'inclinaison est variable.

Quand les plans supérieurs des barres d'un rail-way sont établis de niveau dans le profil vertical, la conicité se règle habituellement au septième de la largeur des bandes ; mais elle est moindre, lorsque ce plan affecte une inclinaison vers l'axe de la voie.

Sans doute il a été fait des expériences pour déterminer l'inclinaison la plus convenable ; cependant on voit que les mentonnets des roues s'usent encore rapidement, ce qui prouve que le frottement latéral qui détruit ce bourrelet enlève beaucoup de force à l'appareil.

D'ailleurs l'inclinaison qui convient le mieux pour la vitesse de 7 à 8 lieues par heure n'est probablement pas la même que pour la vitesse de 14 à 15 lieues ; aussi l'on peut raisonnablement supposer que sur ce point il serait utile de recueillir les résultats de nouvelles expériences. En tenant compte exactement de la durée relative des roues pour des voitures qui feraient toujours partie d'un même convoi, on obtiendrait des renseignemens assez précis sur les effets de différentes conicités, si l'on pouvait juger des frottemens par le degré d'usure des pièces qui travaillent constamment dans les mêmes circonstances.

Dans tous les cas, il est manifeste que le va-et-vient transversal de deux roues coniques assemblées sur le même essieu ne peut pas s'opérer sous la condition que le chemin développé par une roue au contact des bandes avec les rails soit exactement le même à chaque instant que pour l'autre roue d'un même essieu ; il y a donc glissement sur le plus petit cercle, c'est-à-dire pour la roue qui est le plus rapprochée de l'axe du rail-way, attendu que la conicité des bandes s'établit de manière que le plus petit diamètre se trouve sur la face extérieure des jantes. Mais ce glissement qui crée une sorte de point fixe tendant à rappeler le wagon vers le milieu du rail-way est une cause de perte de force, et le double va-et-vient, qui en résulte selon l'horizontale et la verticale, dépense aussi une certaine quantité de force en changeant le niveau du centre de gravité de la voiture.

Lorsque le rail-way devient courbe, le parallélisme des trois essieux d'une locomotive impose en outre l'obligation d'un plus grand écartement entre les barres qu'entre les mentonnets des roues, et la liberté totale du parcours se règle ordinairement à 0^m 025 pour toute l'étendue d'un rail-way.

Doit-on attribuer à ce plus grand espacement ou à une autre cause les accidens du déraillement des voitures, devenus fort rares, il faut le dire, depuis l'usage des locomotives à six roues ?

Cette question se rattachant aux considérations sur

les pertes de force occasionnées par la courbure des arcs de raccordement, nous allons exposer d'abord les faits qui peuvent le mieux donner l'idée de la cause de ces pertes de force. Celui qui doit fixer davantage l'attention est le mouvement oscillatoire de la locomotive. On le voit tellement prononcé dans le parcours à grande vitesse, qu'il semble qu'à tout instant l'appareil va se porter hors de la voie.

En considérant que le chariot de cette machine repose sur six roues, que les deux plus grandes en diamètre sont celles qui reçoivent la première impulsion, que les quatre autres devraient avoir pour fonction principale de guider la voiture entre les rails, au moyen des mentonnets en saillie, on s'étonne après cela que les deux roues du milieu soient pourvues comme les autres d'un bourrelet ; on comprend difficilement que cette espèce de couronne soit sujette à une usure rapide ; on se demande, en un mot, comment les six mentonnets peuvent toucher ensemble ou alternativement les rails, dans des mouvemens de va-et-vient qui ont pour pivot les roues du centre !

Mais si l'on vient à observer, en se plaçant sur la locomotive, l'amplitude du va-et-vient oscillatoire, on est encore beaucoup plus surpris de voir que le jeu $0^m 012$, ménagé pour le mouvement des roues de chaque côté de l'axe du rail-way, n'est pas le cinquième de l'oscillation que l'on observe pour les corps des voitures. Il faut donc que les ressorts de suspension se prêtent et fléchissent beaucoup dans le sens perpendiculaire à la voie ; et cette flexibilité, qui n'a pas encore été introduite dans les appréciations pour la

durée du matériel d'un chemin de fer, est peut-être
l'une des principales sources des pertes de force pour
la locomotion sur les rail-ways.

Si l'on pose en fait que les roues des voitures
quittent les rails dans la circulation rapide et décri-
vent des espèces de trajectoires, on concevra facilement que la force vive, emmagasinée dans le système
du chariot dévié de sa position naturelle par un brusque va-et-vient horizontal, puisse lancer vivement
les petites roues d'une locomotive contre les rails,
et que le choc les dérange assez pour que les bour-
relets des grandes roues du centre viennent eux-
mêmes servir d'arrêt ou de heurtoir dans le sens
transversal.

De là, l'utilité des couronnes sur les roues menantes. Si on les supprimait, comme on l'avait essayé
dans les premières locomotives à six roues, la voiture
serait évidemment exposée à sortir de la voie.

Un système vigoureusement bâti, comme le châssis
d'une locomotive, qui parvient à osciller sur les ressorts de suspension et à faire céder les roues, doit
nécessairement transmettre des à-coups violens aux
voitures avec lesquelles il se trouve lié. Aussi le wagon appelé tender, qui reçoit ces premières secousses, est-il rudement conduit ; c'est le wagon le plus
fatigué dans le convoi, et il n'est pas surprenant que
dans les perfectionnemens nouveaux l'on ait jugé
nécessaire de poser cette voiture sur six roues. Par
ce moyen on évite le danger d'une avarie capable
d'entraver subitement la marche d'un train, et de
causer des accidens. Les mêmes motifs doivent conduire à donner pareillement six roues au premier wa-

gon-diligence, afin d'amortir sur cette voiture les à-coups transmis par le tender.

Par leur flexibilité dans le sens horizontal, les ressorts de suspension ramènent vivement les roues tantôt à droite, tantôt à gauche, et d'une manière symétrique, quand les rails suivent des alignemens droits ; mais dans les parties courbes, les deux petites roues d'un même côté de la locomotive rencontrent plutôt le rail concave que le rail opposé ; par conséquent la tendance à l'usure par les chocs des roues et au lancement du système en dehors de la voie, doit alors se porter entièrement sur la courbe extérieure du rail-way.

Cette tendance s'ajoute à ce que l'on appelle le pouvoir *centrifuge* des convois, quand ils parcourent des arcs de raccordement. Nous examinerons tout à l'heure de quelle manière on évalue ce pouvoir, qui a toujours pour direction naturelle une tangente à la courbe du rail-way.

Il est facile de voir que la courbure des rails réduit l'espace libre ménagé pour le passage des roues, de la longueur de la flèche qui correspond à la courbure entre les deux points de contact des roues extrêmes, et qu'en diminuant suffisamment le rayon de la courbe, on arriverait à empêcher les roues d'entrer dans la voie.

Quand le va-et-vient transversal des roues est resserré par la courbure de telle sorte que l'espacement libre soit réduit de la moitié, par exemple, la conicité des bandes ne peut plus suffire à ramener les voitures vers le milieu de la voie, et les points qui font obstacle aux mentonnets reçoivent alors des à-

coups considérables : la résistance des corps cho-
quans doit donc s'accroître dans la proportion inverse du rayon de courbure.

Toutes les fois que la courbure permet aux mentonnets des six roues de passer à petite vitesse entre
les rails, sans qu'il reste d'espacement libre, on est
évidemment à la limite inférieure du rayon, et cette
limite est facile à établir par le calcul, au moyen de
l'intervalle entre les roues extrêmes de la locomotive.

Mais les effets de réaction et de flexibilité des ressorts, qui se manifestent sur les alignemens droits
par de larges oscillations, ne peuvent se transformer
en mouvement *vibratoire* dans les coulisses trop
étroites des courbes, que par des chocs très vifs, qui
parviennent à briser les gros essieux des roues menantes. C'est par la rupture de ces pièces que l'on a
pu juger au passage d'une courbe de 140 mètres de
rayon, sur le chemin de Birmingham à Liverpool,
de l'énorme pression qui s'exerce contre la couronne
des roues, quand les mouvemens oscillatoires passent à une échelle de réduction, en un mot, quand la
conicité des bandes ne produit plus son effet.

Evidemment ce n'est pas la force centrifuge telle
qu'on la définit en théorie qui parvient à rompre ces
gros essieux, puisque dans la même courbe où il arriverait accident en passant avec la vitesse de 8 à
10 lieues à l'heure, la locomotive n'éprouve aucune
gêne, la vitesse étant réduite à 4 lieues.

Cette première observation doit suffire pour faire
voir encore une fois le peu de valeur des préceptes
appelés théoriques, lorsqu'ils ne sont, comme dans

ce cas, que le produit de quelques hypothèses subs·
tituées à la réalité des faits.

On a supposé que la locomotive et les wagons circulaient à grande vitesse, sans que les corps des voitures éprouvassent aucun dérangement dans le sens
horizontal, sans qu'aucune force pût pousser les ressorts à la limite de leur résistance transversalement
aux fibres de la matière; et l'on est arrivé, d'après
cette supposition, à proposer l'usage des courbes à
300 mètres de rayon pour toutes les vitesses. Cependant il est hors de doute que, sous la seule inspira-
tion du bon sens, un conducteur de locomotive ne
s'exposerait pas à franchir une pareille courbe à la
vitesse de 15 lieues par heure, et nous ne conseillerions à personne d'en faire l'essai, dans le système
actuel des roues et des rails.

En admettant que l'on parvienne à changer ce
système, à supprimer les couronnes des jantes, il
faudra toujours s'opposer à des effets oscillatoires,
dont la puissance considérable ne peut guère s'apprécier; or, pour les prévenir, nous ne voyons d'autre moyen que de supprimer toute espèce de jeu des
mentonnets entre les rails, ce qui suppose que les
rails pourraient être établis dans des *conditions géométriques*, comme les guides d'une roulette de machine à vapeur.

Ainsi, quel que soit le mode d'ajustement des roues
sur les essieux, qu'on les rende solidaires ou libres,
que les essieux convergent en temps utile vers le
centre d'une courbe, ou qu'ils restent parallèles ;
dans tous les cas, il faudra que les effets oscillatoires
de la locomotive se perdent dans le mouvement

transversal des wagons; en conséquence, il ne reste
que le choix entre les différens degrés d'amplitude
pour l'inévitable va-et-vient de ces voitures.

Lorsqu'on voudra employer, pour diriger les locomotives, quatre galets établis horizontalement sur un
chariot placé à l'avant de l'appareil, l'usure des galets qui doivent frotter contre les rails, aura bientôt
augmenté l'amplitude des oscillations qui se trans-
mettent à tout le reste du convoi; et pour arrêter ces
mouvemens, il faudra encore donner des saillies à la
bande des roues, et ces couronnes s'useront encore
comme elles s'usent aujourd'hui.

A supposer que les galets directeurs en avant de
la locomotive fussent renouvelés assez fréquemment
pour diminuer le jeu autant que possible, et que les
rails fussent posés presqu'au même écartement que
les couronnes des roues, les effets oscillatoires de la
machine auraient moins d'amplitude il est vrai, mais
pour cela ils n'en useraient pas moins vite tout le
système. Il est très probable que la destruction mar-
cherait encore plus rapidement que dans le mode
actuel, attendu que les oscillations interrompues deviennent plus nuisibles à la conservation des assemblages que celles qui s'épuisent dans le ressort naturel
de la matière.

C'est par ce motif que les rails des courbes occasionnent de plus grands frais d'entretien que les rails
des alignemens droits, et que les frais s'accroissent
pour ainsi dire en raison inverse de la longueur du
rayon des courbes de raccordement.

Sur le rail-way de Versailles, rive droite, par
exemple, les dépenses d'exploitation sont sensible-

ment augmentées par l'effet d'un grand nombre de courbes à 500 mètres de rayon, et ce même résultat se constate pour tous les chemins de fer tracés avec des courbes à petit rayon.

La sécurité et l'économie prescrivent donc également de n'introduire autant que possible, dans les rail-ways, que des courbes peu prononcées. Lorsqu'il deviendra indispensable de s'écarter de cette règle, à cause des difficultés du terrain, on pourra réduire le rayon jusqu'à 300 mètres, si les localités l'exigent ; mais alors la vitesse des convois devra être ralentie de manière à ne pas excéder 6 à 7 lieues durant le passage de cette courbe.

Avant d'aller plus loin, il n'est pas inutile de faire connaître d'une manière générale, par quelles considérations divers auteurs sont arrivés à calculer le plus petit rayon d'une courbe praticable à toute vitesse pour les convois de locomotive.

On fait abstraction d'abord de *l'intervalle* entre les essieux parallèles, afin de pouvoir réduire le système à *une paire* de roues ; ensuite l'on suppose que chacun des points du cercle de contact d'une roue avec le rail ne s'écarte pas de la circonférence décrite du même centre que la courbure du rail-way ; ce qui n'est nullement exact, puisque le va-et-vient des roues doit fournir une espèce de lacet sur les barres ; enfin, l'on se figure que le système est doué d'un mouvement uniforme, tandis que les roues menantes, toutes les fois qu'elles n'ont plus de contact avec les rails doivent passer, dans deux instans, consécutifs, par des vitesses sensiblement différentes.

Au moyen de ces données et de la conicité des

roues supposée de $1/7^e$, on établit une équation entre
deux forces, dont l'une tend à écarter le système du
centre de courbure du rail-way, et l'autre dépendant
de la *conicité* des roues, tend au contraire à les ramener vers ce centre. Puis l'on parvient à déduire de cette
équation que, pour un espace libre de $0^m 025$, entre
les rails et les mentonnets de deux roues ayant $0^m 915$
de diamètre, un rail courbé à 170 mètres de rayon,
ne doit pas rencontrer les couronnes de ces roues.

Cependant il suffit de prêter un peu d'attention
pour entendre le bruit du choc des mentonnets des
roues contre les rails, non dans le parcours des
courbes de 170 de rayon, mais dans celui des courbes
qui ont un rayon six fois plus grand.

Au surplus, il n'est pas nécessaire que le convoi
passe sur une courbe pour que les couronnes des
roues viennent toucher les rails; cet effet se renouvelle à chaque instant, même dans les alignemens
droits, et il ne peut pas en être autrement, puisque
la circulation de chaque voiture est un composé d'oscillations dans le sens transversal du rail-way.

L'usure rapide des couronnes montre assez qu'il y
a contact de leur surface intérieure sur les barres; et
le raisonnement fait voir que ce contact n'est rien
autre chose qu'une succession de chocs.

En conséquence, on peut déduire de tout ce qui
précède, que dans les appréciations relatives aux pertes de force dans le parcours des convois on a négligé de tenir compte de l'effet oscillatoire de la locomotive qui se transmet à tous les wagons; que cet
effet est fort supérieur à celui qui tend à éloigner les
voitures du centre des courbes de raccordement, et

qu'on appelle force *centrifuge;* enfin, que tous les procédés par lesquels on espère rendre praticables les courbes à petit rayon, n'auront de valeur comme perfectionnement que lorsqu'ils supprimeront la première cause des grandes pertes de force, les mouvemens oscillatoires de tout le système de la locomotive.

CHAIPTRE XXIV.

DE L'UTILITÉ D'UN ENSEIGNEMENT SPÉCIAL POUR LES MÉCANICIENS CONSTRUCTEURS ET CONDUCTEURS DES LOCOMOTIVES.

—

Dans un pays où les grandes lignes de chemins de fer ne peuvent être entreprises qu'aux frais de l'état, et en vue d'un accroissement de la force militaire, la première question ne serait-elle pas de s'assurer des moyens de construire, sans le secours de l'industrie anglaise, les nombreux appareils qui doivent servir à la locomotion ? Pendant les premiers essais, il était convenable de s'adresser aux fabriques étrangères pour leur acheter machines et outils, pour leur emprunter chauffeurs et conducteurs de locomotive ; mais le dessein d'élargir le cercle des constructions de rail-way impose, à l'égard des constructions de machines, un devoir dont on ne paraît pas assez se préoccuper.

Nous ne supposerons pas que le gouvernement veuille agir, dans cette occurrence, comme pourrait le faire une société particulière ; qu'il ait la pensée de profiter du meilleur marché des constructions anglaises ou de s'étayer du prétexte si commun, que le temps presse et qu'il faut pourvoir à des nécessités politiques.

Cette pensée, qui n'annoncerait pas une grande prévoyance, et que l'on pourrait placer sur la même

ligne que certaines opinions, qui refusent d'admettre
notre capacité pour les travaux mécaniques, ne serait
pas à l'abri de quelques avertissemens sérieux.

On s'environne de tous les moyens de publicité et
de concurrence dès qu'il s'agit d'acheter, au compte
de l'état, les moindres objets concernant les services
publics ; et pour les marchés des machines qui doivent être construites à l'étranger, on donne un plein
pouvoir : le délégué traite à l'amiable, choisit assez
généralement les fournisseurs, établit le prix des
objets, les conditions de la vente, l'époque des paie-
mens ; on solde même des avances sans cautionne-
ment ; puis, au retour d'une mission de ce genre, le
délégué se borne à déposer les copies de marchés
que personne n'a le droit de contrôler. .

Cependant s'il était reconnu que dans la plupart
des fabriques anglaises, qui s'occupent des constructions de machines, l'usage du commerce a établi
qu'un droit de 10 ou 15 pour $^o/_o$ appartient au cour-
tier pour ses peines et soins, et que ce droit se pré-
lève sur le prix stipulé dans le contrat, n'y a-t-il pas
assez de penchant à médire pour que l'on essayât
d'attribuer à la coutume anglaise le discrédit dont
on voudrait frapper les fabriques du pays ?

Il est à remarquer qu'il s'agira de marchés d'une
grande importance, puisque pour 100 lieues de rail-
way on ne doit pas compter moins de 80 locomotives :
or dans l'état actuel de notre industrie, on parviendrait difficilement aujourd'hui à faire construire une
bonne locomotive dans une fabrique quelconque de
France, au prix de revient des machines que l'on
tire d'Angleterre. On exécute à Paris, aussi parfaite-

ment que dans tout autre pays, les machines pour lesquelles on fournit un modèle ; mais le prix est cher,
par la raison que les ouvriers exécutent toujours
avec lenteur une besogne, même facile, qu'ils font
pour la première fois.

Le problème à résoudre, pour doter le pays d'un
nombre suffisant de fabriques avantageuses à leurs
propriétaires, consiste donc tout simplement à former un grand nombre d'habiles mécaniciens, dont
l'apprentissage ne coûterait rien aux entreprises particulières.

Nous ne prétendons pas que les écoles des arts et
métiers ne soient de bonnes pépinières pour nos diverses fabriques ; nous ne contesterons pas qu'il en
sort annuellement des élèves tout-à-fait capables de
bien terminer un travail délicat ; mais, nous le répétons, ce n'est pas du talent de l'ouvrier qu'il s'agit en
cet instant, nous ne le mettons pas en doute ; il est question du prix de revient des ouvrages exécutés avec
soin : or, au sortir de l'apprentissage dans une école
des arts et métiers, le plus capable des élèves ne serait pas en état de lutter, pour la quantité de travail,
avec un ouvrier du deuxième ordre.

La promptitude d'exécution est un art particulier,
que l'apprenti le plus intelligent ne peut saisir en dé-
butant. Il faut qu'il sache tant de choses qu'on ne lui
enseigne pas, que c'est vraiment une merveille de
voir tout ce que la nécessité inspire de bonnes méthodes à un ouvrier qui travaille sous l'influence de
l'esprit d'observation.

Mais, dira-t-on, une fois qu'elles sont découvertes,
ces bonnes méthodes, elles doivent se transmettre

par l'effet du voisinage ; celui qui avance vite dans sa
besogne est observé par ses camarades, intéressés à
l'imiter ; il ne peut pas y avoir de secret dans un grand
atelier. Erreur : il y a autant de méthodes que d'habiles ouvriers dans une fabrique de machines ; cela
est tellement vrai, que les burins ou ciseaux, par
exemple, avec lesquels on taille le fer sous le coup de
marteau, sont toujours trempés par celui qui doit en
faire usage.

Un ouvrier habile sait exécuter vite et avec facilité
par des moyens ingénieux dont il est incapable de se
rendre compte, et qu'il est dans l'impossibilité d'expliquer d'une manière intelligible. L'exécution est un
art que très peu de personnes savent comprendre.
On le sent si bien en Angleterre, que, dans les fabriques de machnies, tous les directeurs et sous-chefs
sont des ouvriers parvenus.

Un propriétaire d'usine ne reçoit point de maîtres
sans livret. Pour diriger des ouvriers avec succès, on
est convaincu, dans ce pays de grande industrie, qu'il
faut que le commandement parte d'un homme de
l'*art*, habitué à voir d'un coup d'œil les plus petits
détails, à juger de suite du savoir de ses inférieurs, et
à distribuer les travaux selon les diverses capacités.
Sous ce rapport, nous devons en convenir, notre pays
a besoin d'un enseignement nouveau et complet.

C'est parce que nous avons eu l'occasion d'observer fréquemment, dans nos propres ateliers, ce qui
manque à la classe des mécaniciens, que nous entre-
prenons ici d'esquisser un projet d'école-pratique,
où l'ouvrier, doué de quelque intelligence, se perfec-

tionnerait dans son art avec facilité et sans occasionner de grandes dépenses à l'état.

La base de cette institution repose sur une idée
simple et fondamentale. Tout ouvrier qui est appelé
à donner des formes géométriques à des pièces de
métal, comme celles des appareils à vapeur, doit savoir
à la fois les premiers principes de l'art du forgeron,
de l'art du tourneur et de celui de l'ajusteur. Qu'il soit
en définitive forgeron, ou ajusteur, ou tourneur, il est
essentiel que chacune de ces professions lui soit con-
nue dans ce qu'elles offrent de plus saillant. Le moyen
de les lui faire connaître n'est pas tout entier dans
l'enseignement oral ; le travail réel, accompagné d'un
très petit nombre d'observations, lui en apprendra
plus en une semaine qu'il ne pourrait le faire seul en
une année.

Expliquer les méthodes pratiques en peu de mots,
pendant que le maître travaille sous les yeux de l'é-
lève, c'est là le secret d'un prompt enseignement ;
mais les maîtres ouvriers qui ont ce talent sont partout en très petit nombre.

Un gouvernement peut seul en réunir un nombre
suffisant dans une grande usine, où, après un premier
apprentissage combiné avec l'instruction géométrique
manuelle, les ouvriers auraient la faculté de s'occuper, au moins pendant une année, d'abord sous le régime du travail lent, qui s'attache à la perfection, et,
en second lieu, sous le régime des tâches, qui apprend
à exécuter à la fois bien et vite.

Ces mêmes ouvriers, que l'on aurait assujettis à
des soins minutieux pour le travail journalier, passe-
raient ensuite à l'atelier d'assemblage des diverses

pièces d'un appareil ; là ils seraient tenus de monter
les machines dont ils auraient fréquemment examiné
les diverses pièces, dont ils auraient fait les épures en
dessin géométrique. Enfin ils auraient à subir leur
noviciat comme chauffeurs et conducteurs de locomotives sur un chemin spécial, où ils trouveraient encore les maîtres les plus capables de leur enseigner
les soins qu'exige la conservation de ces appareils.

Pour être admis dans une école de ce genre, il ne
serait pas exigé autre chose que l'art de travailler le
fer comme ajusteur, c'est-à-dire l'habitude de dresser
les métaux au burin.

Un registre serait ouvert pour l'inscription des ouvriers aspirant à devenir mécaniciens conducteurs
et constructeurs de locomotives ; ils seraient admis
indistinctement à subir la première épreuve qui se
réduirait à un travail dit de serrurerie ; c'est-à-dire
que l'on remettrait à chaque candidat un prisme cu-
bique en fer forgé qu'il devrait dresser sur toutes les
faces. De plus, la lecture, l'écriture, et une conduite
régulière, seraient au nombre des conditions pour
l'inscription sur la liste des concurrens.

Tous les trimestres on constaterait le progrès par
l'examen d'une pièce d'ouvrage soumise à un jury
des maîtres et des ouvriers choisis dans la classe supérieure.

Le nombre des ouvriers en apprentissage ne devrait
pas excéder 60. En deux ans ils auraient complété
leur instruction pratique. Ainsi il sortirait par an au
plus 25 mécaniciens, avec brevet de capacité ; car il
y en aurait probablement, pendant le cours d'une
année, au moins 5 à congédier sur le nombre des ad-

mis, soit par inconduite ou défaut d'aptitude, soit
pour toute autre cause.

Mais quel encouragement recevraient les ouvriers
élèves - constructeurs? d'abord leur salaire, comme
s'ils étaient occupés dans une fabrique particulière, et
selon la classe où ils arriveraient par voie d'examen;
en second lieu, l'assurance de recevoir de l'occupation dans l'atelier central du gouvernement, quand
des circonstances indépendantes de leur volonté viendraient à les priver momentanément de travail; enfin les droits à une retraite montant à la moitié de
leur salaire, moyennant la retenue ordinaire de
5 pour %, et après trente années de service comme
mécanicien breveté.

On voit que cette institution devrait être comme
l'annexe d'une fabrique appartenant à l'état, et où
l'on s'occuperait à réparer et reconstruire les locomotives affectées au service militaire, comme l'on répare
et reconstruit les diverses pièces du matériel de l'artillerie dans des usines dépendant du département de
la guerre. Les ouvriers élèves-mécaniciens travaillant
utilement la plus grande partie du temps dans une
fabrique, leur salaire ne coûterait à l'état qu'en raison des heures appliquées spécialement à leur instruction, et pour les maîtres chargés de les diriger.

La fabrique centrale dont il s'agit devrait naturellement être établie à Paris. Mais sur quel terrain et
à quelle occasion, voilà ce qui nous reste à examiner.

Les deux rail-ways, rive gauche et rive droite de
Versailles, commencés à une époque où l'on croyait
encore que les entreprises de chemin de fer donne-

raient de beaux dividendes aux actionnaires, surtout aux environs de Paris, n'ont point réalisé ces flatteuses espérances.

Pour le premier, l'état a fait un prêt de 5 millions dont il est évidemment impossible d'exiger l'intérêt d'ici à quelques années, car la société concessionnaire doit près d'un million et demi pour les travaux d'achèvement du rail-way.

Quelques chiffres suffiront pour bien établir la situation de cette entreprise.

Dans l'intervalle d'une année, à partir de la mise en activité du rail-way, rive gauche, le montant des recettes s'est élevé à . . . . 1,200,000 f.

Celui des sommes dépensées, relevé avec le plus grand soin, et concernant l'entretien du chemin avec son matériel, donne à peu près. . . . . 800,000 f.

Soit en bénéfice. . . . 400,000 f.

Mais il convient de remarquer que, de cette somme, il faudrait déduire la valeur pour le dépérissement des rails, si la première année d'exploitation n'était pas toujours plus onéreuse que les suivantes, à cause de l'apprentissage des divers employés.

Remarquons, en passant, combien ce résultat de 800,000 fr. s'approche de notre estimation précédemment établie à 4 fr. par kilomètre pour tous les frais d'exploitation d'un rail-way.

La longueur du chemin étant de 17 kilom., à raison de 4 fr., c'est, pour un trajet. . . . 68 fr.

Soit pour 30 voyages, par jour. . . 2,040

Et durant 365 jours. 744,600

En y ajoutant les dépenses relatives aux départs pour les demi-heures dans les grandes·fêtes, on voit que l'on ne s'écarterait pas beaucoup du chiffre de la dépense réelle.

Retranchons du bénéfice net les 200,000 fr. d'intérêt du prêt des 5 millions, et il restera 200,000 fr· à partager entre les actions qui réprésentent un capital de 10 millions, soit 2 pour °/₀ par an.

A supposer que la société pût négocier un emprunt de 2,000,000 de francs pour payer les dépenses arriérées et celles qu'exige encore l'achèvement complet de l'entreprise, il resterait donc 1 pour °/₀ à distribuer aux actionnaires.

Dans cette situation de l'affaire, est-il probable que des prêteurs veuillent avancer 2 millions, tant que le gouvernement n'aura pas renoncé, pour un certain nombre d'années, à l'intérêt des 5 millions déjà fournis par le trésor public? C'est ce qui ne tardera pas à être résolu. Quoi qu'il en soit, il est manifeste qu'il ne peut revenir plus de 100,000 francs aux actionnaires, si l'état ne consent pas à faire le sacrifice des intérêts du prêt garanti par la valeur du chemin.

Ce sacrifice, nous l'avons déjà dit, paraît commandé par les circonstances qui ont accompagné la concession des deux rail-ways de Versailles. On n'enrichirait pas le pays en usant du droit rigoureux contre de petits bailleurs de fonds, qui, pour la plupart, n'ont pas supposé que le gouvernement voulût autoriser des entreprises dont l'issue inévitable serait la perte presque totale des capitaux particuliers employés à des travaux d'utilité publique.

Toutefois, en faisant ce sacrifice, l'état a le droit

de poser ses conditions. Il peut réclamer l'abandon complet du chemin de Versailles, rive gauche, moyennant que les 10 millions d'actions au porteur, composant le fonds social, seraient inscrits au grand-livre de la dette publique à raison de 3 pour $^0/_0$.

Alors ce rail-way, devenu propriété de l'état, pourrait servir de chemin d'étude et d'expérience, en même temps que, sur les terrains qui en dépendent, l'on éleverait une fabrique de locomotives annexée à l'école des ouvriers mécaniciens, dont nous essoyons de faire comprendre toute l'utilité.

Le chemin serait géré à part; les comptes en seraient tenus comme dans son état présent, et les tarifs se règleraient conformémeut aux résolutions prises par les propriétaires du rail-way, rive droite.

Nous avons dû prévoir que les actionnaires de ce deuxième chemin de fer élèveraient leurs prétentions au niveau des concessions faites par l'état aux propriétaires du rail-way de la rive gauche; et pour établir jusqu'à quel point elles seraient fondées, nous rapportons ci-dessous la situation de l'entreprise de ce deuxième rail-way.

Le montant des recettes, durant la première année de l'exploitation, alors que le chemin de la rive gauche, non achevé, n'était pas en service, s'est élevé à environ. . . . . , . . 1,560,000 fr.

Pendant la deuxième année, le produit total a été plus faible, il n'est monté qu'à. . . . . 1,400,000 fr. c'est-à-dire à 200,000 francs de plus que celui de la rive gauche.

Etablissons actuellement le chapitre des dépenses;

en séparant les frais d'exploitation en deux parties distinctes, savoir :

1° Pour 16 kilom. formant la longueur de l'embranchement sur Versailles ;

2° Pour les 6 kilom. de la partie commune avec le rail-way de Saint-Germain.

Si les 17 kilom. du rail-way, rive gauche, tracés à 0^m 004 occasionnent une dépense annuelle de 800,000 francs, les 16 kilom. de la rive droite, établis à la pente de 0^m 005, n'exigeront pas une moindre dépense pour le même nombre de départs, ci . . . . 800,000 fr.

La redevance au chemin de Saint-Germain, d'après les comptes de la première année, est d'environ. . . . 200,000

Les frais de locomotion sur les 6 kilo. dépendant de la ligne de Saint-Germain, doivent être estimés au moins à 150,000 francs, et nous ne les compterons qu'à. 100,000

Total pour les dépenses. . .	1,100,000 fr.
Recettes comme ci-dessus. .	1,400,000
Bénéfice net.	300,000 fr.

Mais l'entreprise du rail-way, rive droite, qui a pour capital social 11 millions, a fait un emprunt de 6 millions à 5 pour $^0/_0$, sous la condition que l'amortissement sera effectué en quinze ans, c'est donc une somme de. . . . . 400,000 fr. à payer annuellement en sus de l'intérêt qui sera de. . . . . 300,000 fr. pour la première année, et décroîtra de 20,000 fr. par an.

Il faudra donc ajouter, chaque année, au chiffre des sommes à payer, une moyenne de 550,000 fr., qui laissera très probablement un déficit de 250,000 fr.

De plus, les travaux d'achèvement du rail-way ayant occasionné un excédant de dépenses de plus d'un million, en portant seulement 50,000 francs pour l'intérêt de cette dernière somme sans amortissement, le déficit, pendant les quinze ans, s'élèverait à environ 300,000 francs.

D'où il suit que les prêteurs du capital de 6 millions ne pourront être soldés de leur amortissement que par les fonds d'un nouvel emprunt affranchi de l'obligation du remboursement en quinze ans.

Au moyen de ce nouvel emprunt, les recettes actuelles balanceraient à peu près les dépenses, c'est-à-dire que les actionnaires ne recevront de dividende que dans le cas où la circulation viendrait à s'accroître d'une manière notable.

Ainsi, par l'effet d'un plus grand parcours, la situation financière du rail-wail de Versailles, rive droite, est moins avantageuse que celle du chemin rive gauche; et cela est tout naturel, puisque la différence de 200,000 francs entre les recettes, pour les deux chemins, ne saurait évidemment couvrir les frais de locomotion et la redevance sur les 6 kilom. de la portion commune avec le rail-way de Saint-Germain.

On voit encore qu'en réunissant les deux entreprises, il resterait un déficit de 300,000 francs, moins 100,000 francs, c'est-à-dire l'intérêt du prêt fait par le trésor public.

En supposant que le gouvernement renonçât au solde

de cet intérêt, les actionnaires ne recevraient aucun dividende, tant que la circulation resterait la même que pendant la dernière année , et il serait possible que les frais de renouvellement des rails et des traverses en bois fissent renaître un déficit qu'il ne serait plus possible de couvrir par des emprunts.

Maintenant, si les deux rail-ways de Versailles présentent effectivement un intérêt stratégique, en ce sens qu'ils doivent servir à relier les grandes lignes de chemin de fer du midi et du nord de la France, une subvention ne peut justement leur être refusée, alors surtout qu'il en est accordé une au chemin de Paris à Corbeil.

D'ailleurs ces deux rail-ways n'ont-ils pas une utilité réelle pour toute la population parisienne? La classe ouvrière y trouve un moyen facile et peu coûteux de se transporter dans les jours de chômage en dehors d'une enceinte, où l'air, durant l'été, ne circule pas assez facilement pour ne porter aucun préjudice à la santé des habitans.

Enfin, quelque parti qu'on veuille prendre à l'égard de ces deux entreprises de rail-ways, évidemment elles ne peuvent se soutenir que par un secours du trésor. Le chemin, rive gauche, a obtenu une subvention convenable pour assurer la continuation du service, au cas où l'état renoncerait à l'intérêt du prêt de 5 millions, jusqu'à ce que les actionnaires reçoivent 3 pour °/° de leur capital. Que le gouvernement propose aux chambres d'allouer une subvention annuelle de 200,000 francs au chemin de la rive droite, jusqu'à ce que les actionnaires de cette entreprise reçoivent aussi 3 pour °/°, et la balance restera égale pour les deux entreprises, et les intérêts divers se-ront suffisamment ménagés.

A l'égard de la rive gauche, le gouvernement pour-rait, comme il a été dit, en garantissant 3 pour %d'in-térêt aux actionnaires, acquérir entièrement la pro-priété du rail-way, et y faire d'utiles épreuves, en même temps qu'il servirait, comme celui de la rive droite, au transport des voyageurs.

Les expériences relatives à la forme des rails, à leur ajustement dans les *chairs* ou coussinets, ne se-ront faites avec succès que par l'état : on ne doit attendre des entreprises particulières que des rensei-gnemens incomplets, d'après lesquels on n'ose rien changer au premier système qui a permis la circu-lation à grande vitesse. Néanmoins, il serait fort im-portant de connaître immédiatement quel est l'avan-tage du système des rails à supports continus, sur celui des rails à supports espacés, et il s'écoulera des années peut-être avant que l'on sache bien à quoi s'en tenir sur ce point. Mais il ne faudrait pas une année d'épreuve sur le rail-way, rive gauche, par exemple, pour juger, par comparaison, des avantages de la locomotion d'après l'un et l'autre système.

S'il reste un grand nombre de questions à étudier pour ce qui concerne la construction et la pose des rails, l'on en compte beaucoup plus encore pour ce qui regarde les perfectionnemens de la locomotive. Dans le cas où l'on dirait que l'on se sert de cet ap-pareil avec succès, nous demanderions à quel prix? On regarde comme un résultat surprenant qu'une machine qui a coûté 50,000 francs, ait pu parcou-rir 35,000 kilom. sans être usée. Qu'elle atteigne

50,000 kilom. avant sa reconstruction, et il reviendrait 1 fr. par kilom. pour les dépenses *de renouvellement*; c'est-à-dire environ le quart des frais de toute espèce, relatifs à l'exploitation d'un seul rail-way.

Tant que l'appareil de la locomotive aura des dimensions assez forte pour élever son poids à 12 ou 14,000 kilog., alors que chacune des voitures qu'elle doit traîner ne pèse, chargée, que quatre à cinq tonnes, il restera évident que ce système de machine ne peut convenir qu'à de grands convois, et par conséquent à un service où le nombre des départs doit être fort restreint, quand les transports s'effectuent à bas prix.

Si le poids de la machine pouvait se réduire à 6,000 kilog. et traîner deux wagons, par exemple, sans dépenser proportionnellement davantage que la locomotive actuelle qui remorque six voitures à la vitesse de 12 lieues par heure sur une rampe à 0^{m}004, ce serait un premier progrès fort important ; attendu que l'on pourrait multiplier beaucoup plus les départs, sans accroître les frais d'exploitation, et que les passages fréquens des voitures ont une grande influence sur la circulation entre les villes intermédiaires [1].

Dans les pays où les capitaux flottans peuvent toujours se placer sûrement en acquisitions de proprié-

---

[1] En toutes choses, il faut bien le reconnaître, le progrès restera toujours sans limites.

Pour ce qui regarde les perfectionnemens de la locomotive, il ne nous sera pas difficile de faire voir qu'ils ne sont retardés que par le manque d'observations sur les effets de cette machine dans le parcours à grande vitesse.

Les premières expériences que nous avons pu faire indiquent clairement des solutions de continuité dans les valeurs attribuées aux

tés territoriales, il ne peut y avoir de progrès rapides
que pour les arts qui n'exigent pas de fortes avances.
Si la locomotive de M. Stephenson eût été essayée
ailleurs qu'en Angleterre, à l'époque où cet habile
ingénieur reçut des encouragemens de l'administration éclairée qui dirigeait l'entreprise du rail-way
de Liverpool à Manchester, il est très probable que
l'on eût jugé l'appareil d'après ses imperfections, et
non sur le principe nouveau qui lui donnait une activité prodigieuse.

Si le pays n'est pas en mesure de réaliser de rapides progrès, au moins qu'il ne reste pas tributaire de
l'étranger pour une branche aussi importante que
celle de la construction des locomotives ; soyons assez
réfléchis pour ne pas entretenir au dehors une grande
activité industrielle, au préjudice de nos fabricans
et de nombreux ouvriers qui, en France surtout,
peuvent devenir facilement une riche pépinière
d'hommes éminens.

diverses résistances à la locomotion, pour des vitesses très différentes.

Quelle est la cause première de ces solutions de continuité? voilà
ce qu'il importe de découvrir. S'il nous était permis d'énoncer, sous
la forme du doute, une opinion assez fondée, nous dirions que le
nombre des coups de piston des pompes alimentaires, pendant une
seconde, n'est pas indifférent dans la solution du problème; mais il
faut savoir attendre un temps opportun pour établir, entre des
résultats tout-à-fait incontestables, des relations que la physique
actuelle n'a point aperçues. Nous devons donc nous borner à rappeler ici l'influence des coups de piston d'une pompe à eau sur les
effets de l'eau aspirée dans un conduit horizontal [1], et à faire pressentir, en ce qui touche les solutions de continuité, une relation
entre les résistances pour la locomotion sur les chemins de fer, et
les résistances pour l'ascension de l'eau dans les conduits des hé-
liers aspirateurs.

[1] Voir le deuxième article de l'introduction.

CHAPITRE XXV.

DE L'ENSEIGNEMENT DANS LES ATELIERS POUR LES INGÉNIEURS ATTACHÉS AU SERVICE DE L'ÉTAT.

—

Tout porte à croire que dans moins de dix ans un ingénieur attaché à des travaux civils ou militaires ne pourra plus présenter un projet d'ouvrages d'une grande importance, sans faire mention des services à tirer de la machine à vapeur.

Si l'on établit immédiatement des chemins de fer pour relier Paris avec les principales villes du royaume, ces lignes seront nécessairement stratégiques : le département de la guerre devra construire le matériel en chariots et locomotives destiné au service des convois militaires ; les deux corps du génie et de l'artillerie se partageront les soins pour l'entretien de ce matériel nouveau, et les officiers chargés de ces soins ne resteront pas étrangers à l'art de diriger les locomotives.

Un officier appelé à conduire un grand convoi militaire devra être assez instruit de tout ce qui regarde le système de l'appareil moteur, pour s'assurer par lui-même que rien ne s'oppose matériellement à l'exécution des ordres donnés ; que les agens qu'il doit commander sont capables de faire convenablement leur service ; en un mot, qu'aucun embarras susceptible d'être prévu ne viendra retarder la circulation, dans l'instant où des événemens graves peuvent dépendre d'une avance de quelques heures sur l'ennemi.

Or, ce n'est pas à l'âge de trente-cinq à quarante ans que l'on ramène facilement à une nouvelle instruction des hommes qui approchent du terme de leur carrière. Il est donc d'une sage prévoyance de se préparer à l'enseignement de la machine à vapeur, de telle sorte que les élèves lieutenans et les élèves ingénieurs puissent recevoir un commencement d'instruction pratique, pendant qu'ils sont encore habitués aux études difficiles, c'est-à-dire après les examens de l'Ecole polytechnique, et, sans distinction, pour tous les élèves admis dans les services publics.

Dans le cas où l'on ne jugerait pas convenable de familiariser les jeunes officiers sortant de l'Ecole polytechnique, avec les travaux d'art concernant les locomotives et les grandes fabrications qui s'y rattachent, il serait difficile de ne pas regarder ce premier enseignement comme fort important pour les élèves des ponts et chaussées et des mines.

Un ingénieur, directeur de la construction d'un chemin de fer, qui n'est pas en état d'apprécier le mérite d'une locomotive, n'est, à proprement parler, que l'ordonnateur des ateliers. Il pourra fort bien administrer l'entreprise, mais il n'en dirigera pas les ouvrages au point de vue du constructeur, puisqu'il n'aura pas même le savoir qu'exige la réception des fournitures les plus importantes. Il parlera le langage technique sans être le premier contrôleur des travaux ; il dépendra des agens sous ses ordres qui décideront en leur nom et sous sa propre responsabi-

lité, il finira par être trompé ; car tôt ou tard il voudra
faire quelque marché par lui-même ; il s'éloignera de
ses conseillers pour quelque motif d'amour-propre, et
ceux-ci ne l'avertiront plus, afin de mieux faire sentir
leur importance. Un ingénieur qui n'est pas au courant de toutes les pratiques de la spécialité qu'il embrasse, ne peut être regardé, en définitive, que
comme l'intermédiaire entre l'entrepreneur qui di-
rige effectivement les ouvrages, et une administration
qui les solde, sans avoir toujours une suffisante garantie.

Avant d'entreprendre des travaux aussi considérables que ceux des grandes lignes de chemins de fer
qui doivent traverser la France, il ne serait donc pas
moins utile de s'occuper de l'enseignement spécial
d'un certain nombre d'ingénieurs, que de celui des
ouvriers mécaniciens qui sont appelés à exécuter
leurs ordres.

Le projet d'établissement que nous avons esquissé
dans le chapitre précédent serait susceptible de remplir à la fois ce double but. Un local y serait ménagé
pour les élèves-ingénieurs, et disposé de manière
qu'ils y pourraient apprendre en deux ou trois mois
tout ce qu'il importe à un ingénieur de connaître en
fait de machines à vapeur ; ils y prendraient des notions exactes sur la forme et la dimension de chacune
des pièces organiques d'une locomotive ; ils seraient
tenus de les assembler par eux-mêmes, et un peu
plus tard, de conduire successivement un appareil à
petite et à grande vitesse sur le rail-way, dans les
heures consacrées chaque jour aux exercices et aux
expériences.

Nous n'hésitons pas à dire que deux ou trois mois d'un enseignement bien dirigé dans l'atelier, annexé à une grande fabrique et à un chemin de fer, seraient plus profitables aux jeunes ingénieurs que les deux ou trois missions d'été qu'on leur impose, sans leur allouer les frais convenables à des explorations fructueuses.

Aussi qu'arrive-t-il à l'ingénieur qui débute dans la direction d'un travail de quelque intérêt? Qu'il est tenu de s'entourer de tous les renseignemens pratiques que le hasard met à sa portée, et que le plus grand dévouement ne lui épargne pas toujours des fautes qui coûtent chaque année beaucoup plus cher à l'état que ne le ferait l'instruction de trente élèves ingénieurs dans un établissement convenable.

Nous nous bornerons à ce peu de mots pour faire sentir que les grandes vues, en ce qui touche les travaux publics en France, réclament d'abord un double enseignement pour éviter des lenteurs, des dépenses inutiles, et, en définitive, pour empêcher des mécomptes dont on n'apprécie peut-être pas assez complètement les conséquences.

CHAPÎTRE XXVI.

DE LA CIRCULATION DES CONVOIS MILITAIRES SUR LES
LES CHEMINS DE FER.

—

L'établissement de grandes lignes de rail-ways pour aller de Paris à quelques unes de nos places frontières est vivement sollicité aujourd'hui, dans le but d'assurer aux convois militaires la circulation facile et prompte que les états au delà du Rhin s'empressent d'acquérir, tout en ménageant le plus possible leurs finances, et sans se soucier beaucoup des avantages commerciaux que procurent les voies à grande vitesse.

Mais en cela, comme en tant d'autres choses nouvelles qui ont eu progressivement leur utilité, ne s'exagère-t-on pas l'influence de la circulation rapide pour accroitre les moyens de défense d'un pays, ou du moins a-t-on recherché toutes les conditions qui sont à remplir pour réaliser un accroissement de puissance militaire par la grande célérité des transports? Cela n'est pas probable, si l'on en juge par les questions mises en délibération dans les conseils généraux de divers départemens.

Pour effectuer rapidement, et sans nulle entrave, des transports militaires, il est de toute évidence qu'il faut pouvoir disposer d'un matériel considérable, tout-à-fait indépendant de celui affecté au service des voyageurs et des marchandises. Sans doute le matériel ordinaire d'un chemin de fer suffirait au transport de quatre ou cinq régimens d'infanterie, dans une journée; mais c'est là une faible partie du système d'un corps complet. La cavalerie et les équipages de toute espèce, pour un corps de vingt à trente mille hommes, par exemple, fourniraient du travail pendant un jour à plus de 3,000 chariots traînés par 2 à 300 locomotives.

Il ne faudrait pas compter sur moins de 25 millions pour l'installation d'un matériel complet, susceptible d'être employé efficacement aux transports militaires en temps de guerre. Et s'il fallait se pourvoir d'un matériel de ce genre pour chaque rail-way, il en résulterait un accroissement de dépense exorbitant.

Dès que l'on veut étudier sérieusement les détails d'un projet de mouvemens stratégiques par les chemins de fer, on arrive de suite à reconnaître la nécessité d'un rail-way annulaire qui puisse relier à petite distance du centre toutes les lignes sur lesquelles pourraient s'effectuer de grands mouvemens de troupes. Au moyen de ce rail-way annulaire, on se trouverait en mesure de disposer momentanément d'une partie du matériel de toutes les entreprises de chemins de fer; mais il serait difficile d'éviter la confusion, et, en cas d'urgence, le désordre pourrait causer des résultats capables de faire échouer un plan de défense.

Ainsi, en faisant valoir les avantages stratégiques des rail-ways à l'effet d'en mettre les frais à la charge du trésor public, il faut avouer franchement la nécessité d'un rail-way de ceinture et d'un matériel avec des hommes spéciaux qui seraient, à tour de rôle, exercés sur un petit chemin exploité par l'état.

Ce chemin serait disposé de manière que l'embarquement d'une armée pût s'opérer en quelques heures dans une étendue de deux à trois lieues, si cela était nécessaire; or, pour remplir cet objet, le rail-way, rive gauche de Versailles, procurerait toutes les facilités désirables, car rien n'empêcherait d'interrompre le service public durant un jour sur cette direction. Il resterait aux voyageurs le chemin de la rive droite pour se rendre à Versailles, et le service des localités intermédiaires s'effectuerait par voitures ordinaires durant ce court chômage.

Les chemins de Versailles, rive droite et rive gauche, qui peuvent se relier facilement en plusieurs points de leur parcours, serviraient pour le chemin de jonction des têtes de lignes sur les deux rives de la Seine.

Au moyen d'un embranchement qui unirait, près de Paris, le chemin de Versailles, rive gauche, avec le rail-way d'Orléans, et d'un second embranchement qui relierait, près de Pontoise, le chemin de Rouen à celui de Lille, on ouvrirait une circulation continue pour quatre lignes principales, si le chemin de Corbeil sert de tête à la ligne de Lyon; et de plus, on résoudrait la grande difficulté des ruptures de charge pour les marchandises expédiées au transit.

Quel que soit le tracé du chemin pour la jonction, à Paris, des lignes stratégiques, il faut qu'il s'exécute en même temps que celles-ci; il faut qu'il soit compris dans le crédit général affecté aux entreprises de rail-ways, autrement l'utilité stratégique ne sera qu'un prétexte pour corroborer des demandes de travaux tendant, comme on dit vulgairement, à faire *verser beaucoup d'argent dans quelques localités.*

Alors la question des rail-ways pourrait être traduite dans les termes suivans : Est-il juste que les contribuables qui voyagent sur des routes de communication à petite vitesse et dans de mauvaises voitures, versent au trésor public un dixième du prix de leurs places pour subvenir au solde d'une indemnité au profit de voyageurs qui jouiront de l'avantage des faibles tarifs sur les chemins de fer?

C'est par des tarifs inférieurs à ceux des messageries qu'on fera monter la recette à son maximum, pour la circulation sur nos rail-ways; les voyageurs auront donc à la fois économie de temps et d'argent sur ces nouvelles voies, et ce double avantage local sera payé en grande partie par la communauté.

Pour en avoir la preuve, il suffit aujourd'hui de faire un relevé exact des recettes et dépenses relatives au chemin de Strasbourg à Bâle, en tenant compte des frais de renouvellement du matériel et des rails.

S'il ne s'agissait que d'une avance à faire par le trésor public en faveur des départemens qui ont assez de population, d'industrie et de richesses pour payer les avantages du parcours à 8 et 10 lieues, sans nul doute il serait de l'intérêt commun que l'état prêtât son crédit pour hâter le développement du commerce, qui doit, en définitive, apporter de nouvelles ressources par de plus forts impôts. Mais c'est un large cadeau en faveur du transport des voyageurs que demandent certains départemens, et ce sont précisément les localités qui, depuis long-temps, ont eu la meilleure part au budget des travaux publics, que l'on verrait représentées avec le plus d'empressement dans le partage d'un demi-milliard pour les chemins de fer.

Après avoir posé les premières conditions pour que le service des convois militaires puisse s'effectuer efficacement à grande vitesse, nous devons présenter succinctement quelques idées générales sur l'ensemble du tracé des lignes stratégiques.

Est-il convenable d'abord de prolonger toutes ces lignes jusqu'à la frontière? et ne vaudrait-il pas mieux établir à l'intérieur une demi-circonférence qui rapprocherait de Paris tout le sud du royaume, que de prolonger quelques rayons sur des points extrêmes?

Le but stratégique est évidemment de concentrer en très peu de temps, à Paris, le plus possible de moyens de défense, pour les porter ensuite rapidement vers le point menacé. Or, ce n'est pas en multipliant beaucoup les directions du centre à la circonférence, que l'on remplira le mieux cette condition : 60 ou 80 lieues de rail-ways, tracées au sud de Paris, à une distance de 60 lieues, et s'appuyant sur Tours, serviraient à ramasser beaucoup plus de défenseurs et d'approvisionnemens, qu'un rayon direct allant de Paris à Tours, par Chartres.

Du côté du nord, 90 à 100 lieues de chemin en segment de cercle tracé à 50 ou 60 lieues de Paris, fourniraient une meilleure défense qu'un rayon direct allant de la capitale vers Strasbourg.

Au delà de ce périmètre, rendu accessible par deux lignes dirigées sur Lille et Dijon, des ennemis nombreux pourraient être assaillis à tout instant et sur tous les points par un petit corps de troupes; il faudrait que ces deux lignes fussent en partie détruites pour qu'une armée envahissante osât marcher sur Paris, car il n'est personne qui ne sache qu'une armée ne s'avance qu'après avoir assuré la conservation de son matériel de réserve et de ses approvisionnemens de toute espèce.

Ainsi, trois chemins de 60 lieues de longueur, allant de Paris à Lille, à Châlons et à Tours, plus deux arcs de 60 à 80 lieues, presque perpendiculaires à ces rayons, augmenteraient beaucoup les forces défensives de la France et les relations commerciales ; tandis que les prolongemens sur Lyon et Marseille, qui n'auraient qu'une faible valeur stratégique, ne séraient guère qu'une concurrence élevée contre la navigation par la vapeur.

En résumé, on doit désirer l'établissement immédiat de quelques chemins de fer en France, dans le but d'accroître effectivement la puissance militaire du royaume; mais on doit aussi, par des raisons d'équité et de droit commun, s'opposer avec constance aux entreprises de rail-ways sollicitées ardemment par des intérêts de localité, qui, n'ayant d'autre force que des influences passagères, tendent à éparpiller les ressources de l'état sans compensation suffisante pour la majorité.

RÉSUMÉ.

S'il n'est personne qui mette en doute les avantages de la circulation rapide sur les rail-ways, il n'est
personne qui n'aperçoive en même temps la nécessité
de se rendre compte d'avance du prix qu'il faut mettre à ces avantages, alors même que l'état prendrait
à sa charge toutes les dépenses de première construction.

Aujourd'hui on ne se trompe guère sur le montant
de ces dépenses ; on sait qu'elles ne descendent pas
au dessous de 1,400,000 fr. par lieue pour un rail-
wail à deux voies qui a un matériel complet. Mais on
reste fort au dessous de la réalité en ce qui regarde
les frais de locomotion et d'entretien pour un service
de seize à vingt convois par jour, comme celui des
rail-ways d'Angleterre [1].

Dans le cas où la recette d'un chemin de fer ne
couvrirait pas les frais d'exploitation, l'état aurait

[1] Il est suffisamment établi que les frais d'exploitation des meilleurs rail-ways anglais absorbent au moins la moitié de leur produit
brut, ainsi en admettant un nombre égal de voyageurs et de convois
pour deux lignes, l'une en France, l'autre en Angleterre, si les tarifs
sont moitié moindres pour la première que pour la seconde ; il y aurait, dans ce cas, à peu près équilibre entre la recette et la dépense.
Or ce rapport de 1 à 2 pour les prix des tarifs dans les deux pays,
est plutôt fort que faible ; il ne peut donc y avoir d'incertitude que
sur le nombre de voyageurs, et l'avantage dans ce parallèle restera
probablement du côté des rail-ways anglais.

à payer, d'abord l'intérêt d'une somme de 14 à
18,000,000 de fr. par lieue de rail-way, et de plus une
allocation annuelle pour combler le déficit; c'est-à-
dire qu'il y aurait nécessité de réduire le nombre
des départs.

Il faut donc admettre comme résultat probable,
que le service, sur plusieurs de nos chemins de fer,
se fera tout au plus avec quatre convois par jour,
deux dans chaque direction; il faut autant que possible mettre ce résultat en évidence, afin d'écarter
plus tard par un seul mot les réflexions amères, les
accusations d'imprévoyance, de légèreté, d'entraînement, qui viendraient à surgir de toutes parts, si
l'on n'avait pas suffisamment prévenu qu'il ne suffit
pas de créer des rail-ways pour assurer aux populations les avantages de la circulation rapide avec de
fréquens départs.

Une réflexion qui doit frapper tous les esprits,
c'est que depuis la dernière coalition des quatre
grandes nations de l'Europe, on habitue le pays à
des dépenses extraordinaires.

On presse le gouvernement pour qu'il fournisse un
demi-milliard aux entreprises de chemins de fer, qui
sont devenues des travaux tout à fait stratégiques depuis que l'industrie particulière y a renoncé, et qui
ne devaient, disait-on, rien ajouter à la puissance
militaire, quand les capitalistes en sollicitaient la concession à leurs risques et périls. On exige un budget
extraordinaire pour la marine, un budget énorme
pour l'armée de terre, des fortifications doubles pour
Paris; on demande des allocations considérables
pour les routes, les canaux, les ports, les barrages en

rivière, etc.; et pour solder tant de dépenses, on se
fie au crédit, on compte sur les emprunts; en un
mot, on bâtit sans matériaux, tout en s'éloignant du
but que l'on se propose; car on oublie que pour accroître rapidement l'aisance générale, il faut d'abord
apprendre au peuple à bien apprécier les ressources
de l'esprit d'ordre, l'heureux effet de la persévérance
dans les habitudes régulières qui, seules, peuvent
écarter les cruelles privations.

On cite à tout moment les admirables efforts de la
Belgique pour la création de son chemin de fer, et
peut-être conviendrait-il de remercier la Providence
de ce qu'elle n'a pas imposé à notre pays les obligations qui ont pesé, qui pèsent encore sur le peuple
belge, par suite d'un extrême embarras dans l'industrie des fers.

Le gouvernement belge a dû céder aux nécessités
de cette industrie, quand il a mis à la charge de l'é-
tat les dépenses de construction du rail-way qui relie les principales villes du royaume; et maintenant
encore, il doit se préoccuper d'une modification des
tarifs de douane, à l'effet d'ouvrir une issue à ces
laves des hauts fourneaux créés inconsidérément
avec le crédit des banques[1].

Comme il est peu probable que les recettes puissent
se maintenir au dessus des frais d'exploitation du
chemin belge, c'est la communauté qui soldera le
déficit; il y aura donc dans ce pays une *taxe* générale
au profit des voyageurs.

---

[1] On a établi presque en même temps 40 grandes usines à fer dans
la Belgique, alors que 4 ou 5 suffisaient complètement aux besoins
de la consommation ordinaire du pays.

On cite encore la Prusse, le Hanovre, l'Union douanière, l'Autriche, pour démontrer, par les remarquables efforts auxquels on se prépare chez nos voisins, l'importance qu'il faut attacher à la possession des avantages de la circulation rapide sur les railways; et l'on passe sous silence l'utilité *actuelle* des lignes déjà mises en exploitation dans les divers états au delà du Rhin.

Sur la plupart de ces rail-routes, il n'y a qu'un convoi par jour dans chaque direction, de sorte que pour un trajet de 30 lieues qui s'effectue en cinq heures tout l'avantage consiste dans le bénéfice d'une vitesse à peu près double de celle des messageries. En définitive, il n'y a guère d'économie de temps, puisque l'on ne peut revenir au point de départ que le lendemain, et que l'on emploie au moins 30 heures pour terminer un voyage de 60 lieues de chemin.

Pendant les dimanches et fêtes, il y a quatre convois, deux dans chaque direction, à cause de l'affluence des voyageurs, qui suffit alors pour couvrir la double dépense des locomotives; c'est donc uniquement par motif d'économie que dans les jours où l'on vaque le plus aux affaires, on réduit le service à deux convois par jour.

La création des grandes lignes de chemin de fer pour de rares transports, serait évidemment une mauvaise opération, un sacrifice sans dédommagement, si, au delà du Rhin, elle n'avait pour objet que le service particulier des voyageurs; mais elle a un autre but que l'on suppose stratégique, et que nous regardons comme entièrement politique.

Pour qu'un rail-way soit efficacement applicable

aux mouvemens d'un corps d'armée, ne faut-il pas un matériel spécial de deux à trois cents locomotives, avec un personnel et des accessoires dont l'entretien serait trop lourd pour un petit état de l'Union douanière? Mais en cas de troubles, dans les villes où une manifestation populaire peut devenir électrique, un millier de baïonnettes disponibles, avec deux ou trois locomotives, suffiraient pour ramener à la soumission, à l'ordre habituel, les premiers moteurs d'un insurrection menaçante.

Dans les pays où les affaires publiques ne dépendent que d'une seule volonté, les entreprises des rail-routes sont un élément de force ajouté au principe de la domination suprême; et, sous ce rapport, les peuples au delà du Rhin s'applaudissent trop tôt de la libéralité des souverains. Ces peuples ne tarderont pas à reconnaître, par le résultat des rail-routes, que leurs gouvernans ont beaucoup appris dans l'art de conserver le pouvoir sans partage.

Des chemins de fer qui ne devraient servir que deux fois par jour, ne peuvent pas convenir à la France. Il ne s'agit pas pour le pays d'établir, coûte que coûte, des voies propres à rendre plus prompte, plus sûre, l'action répressive du pouvoir ; il s'agit de travaux d'un grand intérêt stratégique, qui doivent à la fois favoriser le commerce et l'industrie, dans les cantons où le produit des recettes fera incontestablement équilibre aux frais d'exploitation pour huit ou dix convois *au moins* par jour.

Pour atteindre ce but, il est esssentiel de relier d'abord les têtes de lignes qui rayonneront de Paris, dans quatre ou cinq directions, de manière à partager en portions presque égales la zone qu'elles auront à traverser.

Mais avant tout il convient de s'occuper des moyens d'exécution d'un matériel complet pour le transport, dans un seul convoi, d'un corps d'armée de 20 à 25,000 hommes. Ces moyens doivent appartenir à la France : l'étranger ne doit y concourir que pour la fourniture des modèles ; c'est dans le pays même qu'il faut verser l'instruction pratique résultant d'une grande fabrication de machines.

Les lignes qui peuvent rapporter le plus par les recettes étant évidemment les plus utiles au commerce, il convient d'admettre en principe que le prolongement d'une ligne de rail-way ne sera autorisé par l'état, qu'après qu'il aura été reconnu que les recettes suffiront pour couvrir les frais d'exploitation et d'entretien résultant de dix convois par jour. D'après ce principe, on ne commencerait les travaux que sur 30 lieues environ de longueur, jusqu'à la rencontre d'une ville du deuxième ordre, comme Orléans, Rouen, Amiens, etc., et l'on attendrait le résultat effectif de la mise en exploitation, avant de porter le rail-way au-delà, quel que fût d'ailleurs l'intérêt de la ligne au point de vue stratégique.

L'état peut faire les avances de première construction des rail-routes dans les contrées où les populations sont assez nombreuses pour payer l'entretien de ces voies nouvelles : dans ce cas, il n'en résulterait que des avantages immédiats pour la majorité. Mais que le trésor prenne à sa charge le *déficit* provenant de la circulation active sur un chemin de fer, ce serait ouvrir la porte aux extrêmes abus, ce serait créer une taxe commune au profit d'une classe de voyageurs, presque entièrement à l'avantage de la localité traversée par le rail-way.

On voit par là combien il importe de s'occuper des évaluations réelles de la dépense pour l'entretien et l'exploitation des chemins de fer en France, et à cet égard nous croyons avoir rempli une tâche utile, en montrant par beaucoup d'exemples que cette dépense ne doit pas être estimée à moins de 4 fr. par *convoi* pour une distance de 1 kilomètre.

Les moyens de se procurer les fonds nécessaires à l'établissement de 500 ou 600 lieues de rail-ways, ne paraîtront pas aussi simples qu'on le suppose généralement, quand une première expérience aura donné la preuve que, pour la plupart des directions, l'intérêt de ce capital sera tout entier à la charge du trésor public ; il n'était donc pas sans intérêt d'indiquer une voie nouvelle pour appeler dans cette direction les petits versemens qui occasionnent un trop-plein dans les caisses d'épargnes.

Il est possible qu'il se présente des concessionnaires pour la fourniture des rails et du matériel de toutes les lignes dites de premier ordre ; mais si l'on procède une seconde fois avec la même confiance que pour les concessions des lignes du Havre et d'Orléans, on peut arriver aux résultats déjà réalisés une première fois, c'est-à-dire à la nécessité d'ouvrir le trésor public aux compagnies.

Pour un territoire aussi étendu que celui de la France, le service du transport des marchandises est tout aussi important que celui des voyageurs sur les rail-ways. On a perdu de vue en grande partie l'utilité de ce premier service, dans les concessions déjà faites ; et en cela l'on a commis une faute sur laquelle il faudra revenir. On a fixé les prix pour le transport des marchandises à un taux évidemment trop faible ; on sera obligé de les relever ; autrement les concessionnaires renonceraient à ce transport, qui peut s'effectuer à la vitesse de 5 à 6 lieues par heure, sans embarras, sans accident, et en favorisant le mouvement des voyageurs qui n'ont pas les moyens de payer la vitesse à raison de 12 à 14 lieues par heure.

Deux départs, l'un du matin, l'autre du soir, pour des convois légers, circulant à raison de 12 et 15 lieues, suffiraient complètement aux besoins du commerce et de la classe où l'on évalue à plus de 1 fr. par heure le temps dépensé dans une voiture ; huit départs intermédiaires qui laisseraient la voie parfaitement libre durant tout le parcours des convois légers, serviraient à la fois au mouvement des marchandises et des voyageurs pour toutes les petites stations intermédiaires.

Lorsqu'on aura mûrement étudié la question des dépenses d'entretien, on n'hésitera pas à reconnaître que ce double service est bien préférable à celui d'une seule vitesse, dans l'état actuel de la richesse publique en France.

Si l'on passe des considérations financières aux questions d'art, on voit d'abord que tous les avantages des chemins de fer découlent de ce que la perte de force pour la traction est 12 à 15 fois moindre sur les rails que sur les routes ordinaires.

Pour évaluer les pertes de force dues à la traction

sur les rail-ways, on a fait un grand nombre de recherches, on a posé plusieurs hypothèses, et partout on s'est accordé à admettre, que les frottemens des essieux dans leurs boîtes et des roues sur les rails, restent indépendans de la vitesse de locomotion ; de plus que la résistance totale varie seulement par celle de l'air, dont la pression s'évalue d'après la loi du carré des vitesses que prennent les convois, quelle que soit d'ailleurs la rapidité du parcours.

Or, il résulte d'expériences dont nous rendrons un compte détaillé dans le deuxième volume, que la résistance de l'air cesse de s'accroître d'une manière notable quand la vitesse des convois dépasse 11 à 12^m par seconde.

Pour ce qui concerne la perte de force due aux frottemens, les expériences rapportées au chapitre xvii établissent clairement que, dans le cas d'une vitesse au dessus de 11 à 12^m par seconde, les frottemens diminuent en même temps que la résistance totale, c'est-à-dire que les lois de la gravité, déduites d'expériences faites sur des vitesses au dessus de 11^m, cessent d'être exactes, dans les circonstances du parcours à plus de 11^m par seconde [1].

---

[1] On peut se rendre compte du résultat des expériences dont il s'agit, de la manière suivante : supposons qu'une boule qui vient de prendre, suivant la verticale, une grande vitesse, soit 16^m par seconde, change de direction sans aucune perte de vitesse, et qu'elle gravisse ensuite un plan incliné avec son impulsion acquise. D'après les lois de la gravité cette boule ne pourrait s'élever sur le plan, jusqu'à la hauteur du point de départ ; et d'après l'expérience, un convoi de locomotive animé de la même vitesse que la boule, atteint ce point de départ, malgré les frottemens et la résistance de l'air.

Si les locomotives et les wagons pèsent d'autant moins qu'ils circulent avec plus de vitesse, on comprend alors que le service de la locomotion à 12 et 15 lieues par heure, comme celui du Great-Western rail-way, puisse ne pas coûter plus cher que le service sur le rail-way de Londres à Birmingham, à raison de 9 et 10 lieues, en même temps qu'il coûterait davantage que le service sur le chemin Belge, fixé à 7 lieues par heure.

Le résultat d'une solution de continuité dans les lois de la pesanteur, alors que les corps sont soumis à une grande vitesse horizontale, est un fait tellement inattendu, tellement en contradiction avec les grandes lois de la physique céleste, que, même après la vérification matérielle du fait, on cède difficilement une place dans la conviction, tant il y a de puissance dans le désir de ne rien changer au principe de la théorie astronomique.

Mais ce n'est pas seulement dans l'un de ses termes que la loi Newtonienne doit être modifiée en ce qui concerne le mouvement des corps dans l'air : l'action de la gravité qu'on suppose la même pour toute espèce de particules matérielles, dans toutes les circonstances possibles, change avec la nature des corps, quand on les soumet à un parcours rapide. Ainsi l'effet de la vitesse horizontale n'est pas le même sur l'eau que sur le mercure, que sur le fer, le plomb, le cuivre, etc., c'est-à-dire que chaque substance obéit, dans l'air, à une gravité qui lui est propre, en ne subissant d'ailleurs aucune autre influence que celle de la grande vitesse qui se marie peut-être avec quelque autre *cause*, telle que la vivacité des injections de vapeur dans la cheminée, ou le nombre, par seconde, des va-et-vient pour les pompes alimentaires [1].

D'après ces divers résultats, qui seront consignés en détail dans le deuxième volume, il serait possible que le baromètre fût un instrument incertain pour mesurer les grandes différences de niveau; il serait possible que la pesanteur d'un même corps, à diverses latitudes, fût susceptible de varier par le pouvoir des fluides impondérables dont les effets n'ont encore été observés que dans les oscillations des aiguilles aimantées [2].

Au surplus, quelles que soient les conséquences que l'on parvienne à tirer ultérieurement des résultats qui constatent que les diverses substances per-

---

[1] On peut voir dans le deuxième article de notre Introduction l'influence résultant du nombre des coups de piston par seconde, sur une colonne d'eau aspirée dans un conduit horizontal.

[2] Dans le deuxième volume de cet ouvrage nous aurons occasion de montrer, pour les effets de la lumière et du calorique, des solutions de continuité qui doivent mettre en défiance sur l'exactitude des déductions obtenues à l'aide des lois qui régissent, dans certaines circonstances, les effets de ces fluides impondérables. En conséquence, nous ne croyons pas qu'il y ait lieu aujourd'hui de compter sur l'application de ces lois, beaucoup au delà des premier et dernier termes des séries qui ont servi à les découvrir.

Personne, assurément, n'avait supposé que l'aiguille de la boussole pourrait *s'endormir* sur quelques points de la terre, et cependant l'on a constaté ce phénomème dans le voyage de *la recherche* au Spitzberg. Pour lui faire marquer la route, dans les dernières latitudes, on enlevait le compas, afin de l'agiter, de le *magnétiser*, pour ainsi dire, durant quelques instans, et alors l'aiguille sortait de son atonie, elle reprenait sa tendance naturelle; mais on était obligé de répéter souvent la même opération, à l'effet d'entretenir le pouvoir non encore défini que l'aiguille s'assimilait pendant le mouvément manuel.

dent de leur densité dans le parcours rapide sur les chemins de fer, dès à présent il est constant qu'au moyen de la vitesse acquise sur les paliers de niveau, on peut faire franchir aux convois traînés par des locomotives, de petits plans inclinés successifs, établis entre des portions de rail-ways dressées horizontalement, et racheter de cette manière des différences de niveau notables, sans rien retrancher à la charge des machines, eu égard à la pente de ces plans.

FIN DU TOME PREMIER.

ERRATA.

—

Pages 85, ligne 5, au lieu de 0ᵐ 0,00 35 millièmes, *lisez* 0,0035 dix millièmes.

192, tableau, au lieu de 91′ 10″, *lisez* 9′ 10″.

168, ligne 5, au lieu de répartion, *lisez* répartition.

209, dans la note, à la dernière phrase, au lieu de supposées, *lisez* superposées.

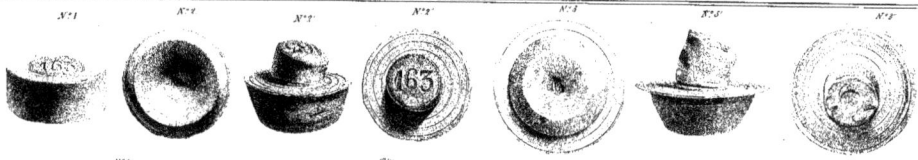

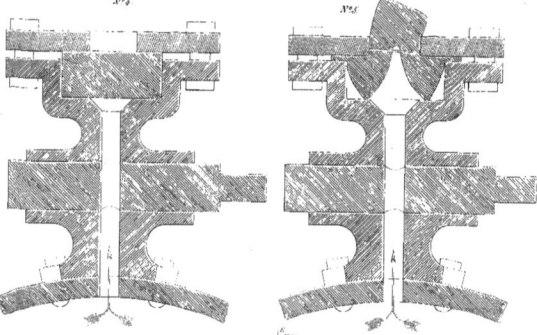

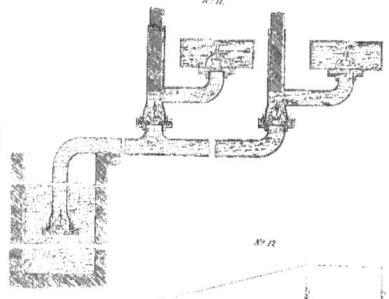

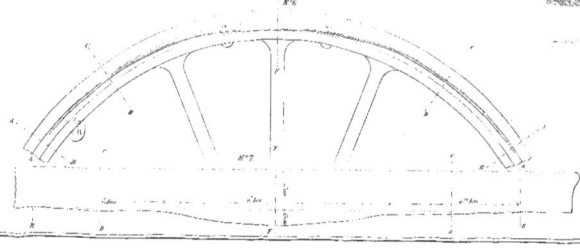

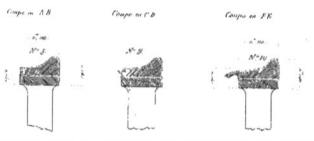

Imprimerie de MAULDE et RENOU, rue Bailleul, 9-11, à Paris.